私藏甜點好時光

步粉烘焙坊手作食譜

磯谷仁美

瑞昇文化

INTRODUCTION

　　2006年至2015年期間，我在東京惠比壽經營一家甜點店「步粉（HOCO）」。店內的甜點種類非常少，只有「司康套餐」、3種甜點組合而成的「S套餐」和6種甜點組合而成的「甜點全餐」。採取每月更換主打甜點的經營模式。原本我心底盤算著，「希望這家店能夠持續經營，直到自己變成老奶奶為止」，卻偏偏收到租屋即將被拆除的壞消息。剛開始雖然感到非常錯愕，不過，當時我也才40多歲，心想著「我的人生也才剛過一半，未來還有很長遠的路要走」，於是便萌生出挑戰新事物的念頭。

　　「雖然完全不知道該採用什麼樣的形式，不過，我還是會持續做甜點吧！既然如此，如果我看得懂英文食譜，或許我的甜點世界就能更加遼闊……」

　　我曾經去過美國俄勒岡的波特蘭旅行。基於「想去那裡生活看看」的直覺，我決定把甜點店關起來，去當地就讀語言學校。結果，去到美國之後，劇情的發展卻完全超乎想像。我在朋友的牽線之下，到位於加州柏克萊的「帕妮絲之家（Chez Panisse）」，以實習烘焙師的身分，加入了甜點團隊的甜點製作。「帕妮絲之家」是聞名全美的有機料理餐廳。那裡是以地產地消為理念，與

多家有機農場簽約，並採用那些農園的最頂級食材，製作出美味優質料理的場所。饕客們可以在那裡品嚐到當季的水果，以及當季最美味的甜點。

「帕妮絲之家」約一年的實習烘焙師生活，再加上之後在波特蘭的語文學習生活，我在美國約生活了兩年左右。姑且不論去美國學習語文的目的（笑），對甜點毫無免疫力的我，每天都在研究、品嚐自己深感興趣的甜點。「哇啊～這種麵團是什麼口感？」「怎麼吃都不會膩的味道耶……」諸如此類的，在甜點的世界裡，我有了許多的發現與興奮體驗。在答謝那些在波特蘭或柏克萊關照我的朋友們的時候，甜點總能更完美地傳遞我的感激之情，遠勝過任何語言。因為大家在品嚐甜點的瞬間，總會露出孩童般的笑容，而我也能從中得到滿滿的回饋。在那樣的體驗當中，我就能創造出更多全新的甜點。

回國之後，我思考著，「自己能夠做些什麼？」最後，「我還是希望跟以前一樣，開一家咖啡廳」、「希望在那裡和大家一起分享我所邂逅的『美味』，並一起享受」。於是，2018年時，我在京都大德寺的旁邊，再次開了一家店。

開始規劃新店的時候，我把自己在美國當地的所學與影響，轉變成實際的型態。我直接向值得信賴的生產者採購食材，企圖打造出直接傳遞食材美味的場所。例如，「司康搭配當季水果製成的手工果醬」、「美味的國產紅茶」、「使用生產者直送的當季食材製作甜點」等等。

然後，我在2019年，首次造訪北歐，同時，在瑞典·斯德哥爾摩的「Rosendals Trädgård（玫瑰谷花園）」的咖啡廳，也曾有過實習烘焙師的經驗。那裡原本是皇家別墅的土地，諾大的庭園裡有一大片的果樹園和蔬菜田。由溫室改造而成的咖啡廳，主要提供有機食材製成的料理和甜點。我在那裡學習到許多知識，同時也產生了許多的靈感。首先，我把那些靈感傳達給「步粉」的工作人員，然後反覆地試作，並且在店內提供。例如，使用整顆檸檬製作的蛋糕、使用大量白荳蔻的甜點……能夠藉由甜點的製作，再次確認自己「所喜歡！」「所熱愛！」的事物，這樣的體驗真的非常愉快。

2020年，在新冠肺炎的影響下，「步粉」也改變了經營策略，例如銷售通路改以網路購物為主等，持續不斷地嘗試改變。總之，就是不斷思考「我們所能辦到的」，

同時再與工作人員互助合作，持續烘烤出更多的甜點。「在看不到未來的時期，品嚐甜點的時光，拯救了我的心靈」、「窩在家裡的期間，和女兒在一起的時間變多了，雖然衝突也增加不少，不過，『步粉』的甜點總能讓我們重修舊好」、「在醫療院所工作的我，沒辦法外出轉換心情，多虧有甜點的撫慰」。在這一年，看到客人們透過電子郵件傳來的感想與回饋，也讓我再次明白甜點的重要價值。甜點是散播「喜悅」、「歡樂」的泉源。

出乎意料的，這本書裡面也登載了許多2020年開始透過網路販售的甜點。希望不論經過多長時間，「在這一年、這個時期所品嚐到的甜點味道，能夠永遠留存在各位的心裡」。就算只有其中一種也好，希望能為購買這本書的你帶來興奮、期待的心情。

CONTENTS

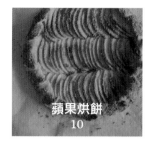
蘋果烘餅
10

奇異果烘餅
12

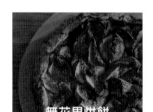
無花果烘餅
12

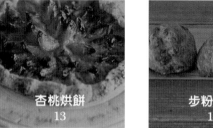
杏桃烘餅
13

步粉司康
16

無麩質原味司康
16

玉米司康
17

無麩質玉米司康
17

切達起司香蔥司康
22

無麩質
切達起司香蔥司康
22

義式奶酪
23

雙重蘋果蛋糕
30

胡蘿蔔蛋糕
31

檸檬罌粟籽蛋糕
34

※罌粟籽使用須遵各地區規範。

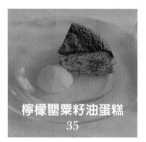
檸檬罌粟籽油蛋糕
35

※罌粟籽使用須遵各地區規範。

蜜紅豆
38

糖漬杏桃
38

紅豆杏桃蛋糕
39

草莓大黃根
杏仁蛋糕
42

白荳蔻蛋糕
43

蜂蜜威士忌蛋糕
46

焦糖味噌
牛蒡堅果蛋糕
47

味噌牛蒡燕麥
50

味噌芝麻義式脆餅
51

杏桃黑芝麻豆腐
提拉米蘇
56

柑橘黃豆粉
提拉米蘇
60

紅豆綠茶提拉米蘇
61

蕎麥巧克力餅
64

牛蒡燕麥餅
65

薑黃奶油酥餅
68

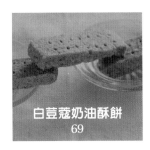

白荳蔻奶油酥餅
69

白芝麻裸麥餅
72

亞麻籽
蒔蘿裸麥餅
73

台式卡斯特拉
76

台式巧克力
卡斯特拉
77

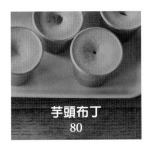

芋頭布丁
80

番薯布丁
81

無花果醬
84

蘋果醬
85

甘夏柑橘醬
85

本書的既定規則

- 1小匙為5ml，1大匙為15ml。
- 烤箱使用瓦斯烤箱。若是使用電烤箱，溫度設定請比食譜標示的溫度高出10℃左右。
- 烘烤時間會因熱源或機種而有差異，因此，食譜的時間僅供參考，請視實際情況，逕自斟酌、調整。
- 「室溫」大約是20℃左右。
- 請用電子秤進行測量。為便於測量，液體材料也採公克標記。
- 商品介紹出現的廠商標記分別如下，（T）：TOMIZ、（府）：府金製粉、（飛）：飛驒酪農、（TA）Takanashi乳業。詳細請參考88頁。

關於材料

介紹本書的甜點所使用的材料。
主要都是我在「步粉」持續使用，「個人喜歡的味道或風味」，
不過，您也可以採用個人偏愛或容易使用的材料。

低筋麵粉

岩手「府金製粉」的「KITA-KAMI」。打從「步粉」製作甜點開始，就一直持續使用到現在，時間已經長達15年以上。對我來說，「低筋麵粉就應該選這款！」可說是最基本的麵粉材料。風味和味道都很不錯，可靈活應用於各式各樣的素材，相當令人安心的日本產麵粉。（府）

中筋麵粉

岩手「府金製粉」的「南部地粉」。美國甜點有逐漸改用中筋麵粉的趨勢。「不想使用高筋麵粉，又希望多點彈牙口感」的時候，我就會使用中筋麵粉。「步粉司康」絕對不可欠缺的材料。（府）

全麥麵粉

岩手「府金製粉」的「石臼全麥麵粉」。研磨顆粒略粗，就算過篩，顆粒還是不會落下的程度（笑）。希望增添更多香氣、加重口味的時候，這個材料便非常值得信賴。使用其他廠牌的全麥麵粉時，請使用高筋～中筋的全麥麵粉。（府）

粗糖

由甘蔗汁結晶製成。富含天然的礦物質成分。比精製而成的白砂糖更具風味，不過，和同樣是茶色的蔗糖相比，味道則沒有那麼強烈，所以更容易和各式各樣的素材搭配使用，在應用上會更加靈活。（T）

泡打粉

在紅色外罐包裝上有美國「RUMFORD」公司標誌的泡打粉。富含天然礦物成分，由非基因改造的玉米製成，而且不含鋁。不會對身體造成負擔，所以可以安心使用。這也是我長年使用的產品之一。（T）

鹽巴

「步粉」的甜點經常使用鹽巴，主要用來誘出砂糖的甜及素材的天然美味。「天外天」的「天日湖鹽」是，利用太陽和風的力量，將內蒙古大平原的湖鹽結晶製成。不容易因為些微濕氣而凝固，總能時刻保持乾爽，是我最喜歡的部分。

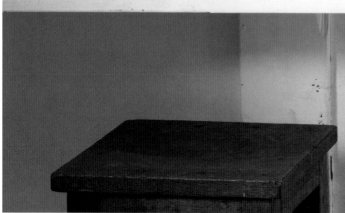

菜種油

採購自合作社的「日本國產混合菜種油」。沒有油耗味,中性的味道十分溫和,容易跟各種素材搭配組合。以非基因改造的菜花種籽為原料,不使用化學藥劑,精製而成,價格親民的這個部分也是優點之一。

鮮奶油

岐阜「飛驒牛乳」的「鮮奶油」是用飛驒產的牛乳所製成。因為只有將脂肪分離,再進行殺菌,所以口感十分新鮮且風味濃醇。雖然脂肪含量只有47%,但濃郁香氣卻會讓人誤以為脂肪含量極高(笑),有著十分奢華的味道。(飛)

牛乳

「飛驒牛乳」的「非均質化牛乳(Non Homogenized Milk)」是,採用非均質化製法(因為沒有把脂肪球細碎成大小均一的顆粒,因此,被身體消化吸收的速度較緩慢),經低溫殺菌製成,可品嚐到生乳最原始的新鮮風味。可確實感受到滑順及香甜美味的口感。(飛)

奶油

不惜耗費成本,使用北海道的優質牛乳製成的「TAKA-NASHI」的「北海道奶油」。保留牛奶本身的新鮮風味,同時充滿絕佳的濃醇香氣,味道也十分醇和。製作甜點時,我會另外添加鹽份,因此選用不使用食鹽的奶油類型。(TA)

優格

「飛驒牛乳」的「飛驒原味優格」。製造原料來自非基因改造飼料所飼養的乳牛所擠出的生乳。帶有酸味,口感清爽,非常適合甜點製作。使用其他品牌的產品時,請挑選帶有酸味的種類。(飛)

APPLE GALETTE
蘋果烘餅

烘餅是「帕妮絲之家」的老闆愛麗絲最喜歡的甜點，
同時也是餐廳內的經典甜點。
原則上是採用各式各樣的當季水果烘烤而成，
而蘋果則是幾乎大半年都會製作的經典款烘餅。

烘餅餅皮、杏仁奶油餡可以冷凍，
只要預先製作備用，就能輕鬆製成。
建議搭配香草冰淇淋一起品嚐。
⇨製作方法14頁

FIG GALETTE

無花果烘餅

對於喜歡無花果的我來說，
在「帕妮絲之家」擔任實習廚師後，
能夠在第一時間接觸到這款烘餅，真的是不勝感激。
美國西海岸採用的是尺寸偏小的黑色無花果，
不過，用日本常見的品種
（瑪斯義陶芬；Masui Dauphine）製作，
同樣也是十分美味。
光是看到烘餅餅皮上面，
佈滿果醬化的無花果，
就讓人充滿無限的幸福感。
夏天至秋天期間，都可以品嚐得到。
⇨製作方法14頁

烘餅很適合搭配
略帶酸味的水果，
回到日本後，就猜想
「不知道能不能用奇異果？」
結果，果然是正確的！
奇異果是全年
都能採購到的水果，
因此，隨時都可以製作，
也是其優點之一。
敬請細細品嚐，滿滿的奇異果美味。
⇨製作方法14頁

KIWI GALETTE

奇異果烘餅

杏桃烘餅

能夠採購到生杏桃的期間非常短，
因此，就唯有當季才能品嚐得到的這點來說，
這道甜點可說是相當地奢侈。
酸酸甜甜的杏桃非常適合烘餅。
搭配口味溫和的香草冰淇淋也非常對味。

⇨製作方法15頁

蘋果烘餅

材料（直徑21cm的烘餅1塊）

烘餅餅皮（2塊份量）

無鹽奶油 —— 110g

A 中筋麵粉 —— 160g
　　粗糖 —— 6g
　　天然鹽 —— 4g

冷水 —— 50g

杏仁奶油餡
（容易製作的份量／約4塊份量）
　　無鹽奶油 —— 40g
　　粗糖 —— 35g
　　天然鹽 —— 1g
　　全蛋 —— 30g
　　杏仁粉 —— 40g

頂飾
　　蘋果 —— 1又1/4顆
　　精白砂糖 —— 適量

事前準備

◎烘餅餅皮用的奶油切成1cm丁塊狀，連同放進鋼盆裡的 **A** 材料，一起放進冰箱冷藏備用。
◎杏仁奶油餡用的奶油恢復至室溫。
◎蘋果削皮後，去除果核，切成4等分，再進一步縱切成2～3mm寬的薄片。

※未用完的烘餅餅皮、杏仁奶油餡，可冷凍保存1個月。
※杏仁奶油餡可薄塗在個人喜歡的麵包上，也可以烘烤至酥脆程度，製作成杏仁奶油吐司。

製作方法

1 製作烘餅餅皮。把奶油放進 **A** 材料的鋼盆裡，用指尖搓揉混合粉末材料和奶油（**a**）、（**b**）。動作要盡量快速，以免奶油融化。如果感覺奶油可能融化，就用冷水稍微冷卻手部，或是把鋼盆暫時放進冰箱，稍微冷卻一下。

2 倒入一半份量的冷水（**c**）。使用略大的叉子攪拌均勻，讓水分均勻分布（**d**）。接著把剩下的冷水倒進仍有些微粉末感的部位。注意不要用揉的，待所有材料都佈滿水分之後，用切麵刀把麵團分成2等分（**e**）。分別用保鮮膜包起來（**f**），輕輕揉捏，直到粉末感完全消失為止。整成團之後，把厚度按壓成3cm左右（**g**）。放進冰箱，靜置1小時以上（**h**）。

※可以在這個狀態下放進保存袋，進行冷凍保存。

a	**b**	**c**
d	**e**	**f**

奇異果烘餅

材料與製作方法（直徑21cm的烘餅1塊）

把「蘋果烘餅」的蘋果，換成**4顆大顆或5顆小顆的奇異果**，削除外皮後，切成對半，再進一步切成5mm厚的片狀，排列後，以相同的方式製作。

無花果烘餅

材料與製作方法（直徑21cm的烘餅1塊）

把「蘋果烘餅」的蘋果，換成**5顆無花果**，切除較硬的芯，切成8等份的梳形切，從烘餅的外側開始，呈放射狀排列，以相同的方式製作。

3 製作杏仁奶油餡。把奶油放進鋼盆，用打蛋器充分攪拌，直到奶油呈現乳霜狀。加入粗糖、鹽巴，進一步攪拌均勻。分2次加入雞蛋，每次都要攪拌均勻，才能再加入下一次。

4 分2次加入杏仁粉，每次都要用橡膠刮刀攪拌均勻，才能再加入下一次。只要攪拌至粉末感消失就可以了。

※可在這個狀態下，用保鮮膜包起來，進行冷凍保存。

5 在料理台撒上手粉（高筋麵粉或中筋麵粉／份量外），放上步驟**2**的烘餅餅皮，餅皮上方也要撒上手粉（**i**）。使用撖麵棍，把餅皮撖壓成直徑25～26cm、厚度2mm左右的圓形（**j**）。放到烘焙紙上面。

6 避開餅皮邊緣內側3cm左右的範圍，用抹刀均勻塗抹上步驟**4**的杏仁奶油餡（1/4的份量）（**k**）。

7 在杏仁奶油餡的最外側部分排列上蘋果，排列一圈，同時避免相互重疊（**l**）。沿著蘋果排列出的圓形，從右上開始，朝水平方向，把剩下的蘋果排列成3排，用蘋果填滿整個圓圈（**m**）。依蘋果的大小，有時則需要排成4排。

8 用右拇指和食指稍微拉起餅皮的邊緣，再用左拇指和食指捏壓餅皮，使摺出的皺褶靠攏（**n**）。繞行1圈之後，用毛刷把融化奶油（份量外／適量）塗抹在邊緣部分（**o**），再撒上適量的精白砂糖（**p**）。如果砂糖溢出邊緣，該部位就容易烤焦，所以要用手指把溢出的精白砂糖抹掉（**q**）。

9 用預熱200℃的烤箱烤15分鐘。把烤盤的前後位置對調，將適量的精白砂糖撒在蘋果上（**r**），再烤15分。呈現焦黃色後，便可出爐。用瓦斯噴槍烘烤餅皮邊緣，使砂糖呈現焦糖狀增添香氣。

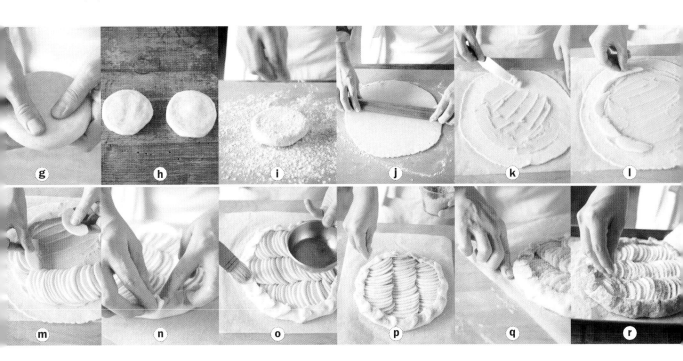

杏桃烘餅

材料與製作方法（直徑21cm的烘餅1塊）

把「蘋果烘餅」的蘋果，換成**10～12顆杏桃**，去除種籽，切成四等分，從烘餅的外側開始，呈放射狀排列（參考13頁的照片），以相同的方式製作。

杏桃
美國把杏桃、桃子、黑棗、李子等帶有堅硬種籽的酸甜水果，統稱為「核果（Stone Fruit）」。這些水果都很適合拿來製成烘餅，日本產季較短的杏桃，也是相當值得品嚐的一道。

HOCO'S SCONE
步粉司康

說到「步粉」的甜點，率先聯想到的便是司康。
對我、對這家店來說，
司康的地位可說是十分重要。
每天早上從烤箱內溢出的香氣，
讓人充滿幸福感。
我把低筋麵粉、中筋麵粉、全麥麵粉
三種麵粉混合在一起使用。
低筋麵粉的甜點鬆軟口感，
中筋麵粉的麵包豐潤口感，
再加上全麥麵粉的酥脆口感……
每種麵粉都有各不相同的作用。
細心烘烤，直到烘烤出漂亮的焦黃色，
享受酥脆、彈牙的美味。
⇨製作方法18頁

GLUTEN-FREE PLAIN SCONE
無麩質原味司康

日本的無麩質甜點是以米粉為主流，
但是，口感方面卻會略顯單調，
這正是令人傷腦筋的地方。
於是我嘗試了各式各樣的配方，
最後終於開發出這樣的味道。
為製作出媲美「步粉司康」般的酥脆口感，
我在裡面添加了燕麥片。
⇨製作方法19頁

GLUTEN-FREE CORNMEAL SCONE
無麩質玉米司康

CORNMEAL SCONE
玉米司康

不論是早餐吃的玉米麵包，
或是使用玉米粉、粗粒玉米粉製成的甜點，
都是美國日常中相當常見的。
添加酪乳之後，
乾柴的玉米甜點也能烤出濕潤滋味。
粗粒玉米粉的膨潤感，
讓無麩質甜點特有的粉末感消失了，
非常值得推薦。
→製作方法21頁

步粉司康

材料（直徑6cm的司康7個）

無鹽奶油 —— 70g

A
| 低筋麵粉 —— 100g
| 中筋麵粉 —— 100g
| 全麥麵粉 —— 50g
| 粗糖 —— 30g
| 泡打粉 —— 8g
| 天然鹽 —— 1g

牛乳 —— 120g

事前準備

◎奶油切成1cm丁塊狀，連同放進鋼盆的A材料、牛乳，一起放進冰箱冷藏備用（**a**）。

製作方法

1 把冰冷的奶油放進裝有A材料的鋼盆，用指尖壓碎奶油，一邊混進粉末裡面（**b**）。用雙手摩擦混合，使材料呈現鬆散狀態（也可以把所有材料放進食物調理機攪拌）（**c**）。

2 把冰冷的牛乳（1/3份量）倒進鋼盆，感覺像是讓水分流進粉末裡面那樣，用雙手從底部把粉末往上撈，使材料混合（**e**）。

3 倒入剩下的牛乳（一半份量），同樣攪拌均勻。一邊觀察麵團的濕潤情況，逐次加入牛乳混合（麵團不會太黏，也不會太乾的適中程度。夏天就算沒有全部加入也沒關係，冬天則相反，就算多加點也沒有問題）（**f**）。

4 把整個鋼盆放進塑膠袋內，袋口用夾子等道具封起來（**g**）。放進冰箱，靜置1小時30分鐘。之後，取出麵團，在室溫下放置5～10分鐘，直到麵團變軟。

5 在料理台撒上手粉（高筋麵粉／份量外），放上麵團，上方也要撒上手粉（**h**）。用撖麵棍撖壓成2cm的厚度（**i**）。用直徑6cm的圓形圈模壓模（**j**）、（**k**），讓每個麵團的重量落在70g左右（**l**）。用手撫平邊角，使形狀呈現略圓（像是由下往上隆起的感覺，高度大約5～6cm左右）（**m**）、（**n**）。

6 把麵團排放在鋪好烘焙紙的烤盤上，用預熱190℃的烤箱烤12分鐘。把烤盤的前後位置對調，進一步烤12分鐘。為了讓焦黃色較淡的部分也能被烤到，再次調整方向，進一步烤6分鐘。

無麩質原味司康

材料（直徑6cm的司康7個）

無鹽奶油 —— 70g

A 米粉 —— 90g
玄米粉 —— 60g
太白粉 —— 40g
燕麥片 —— 60g
粗糖 —— 30g
泡打粉 —— 8g
天然鹽 —— 1g

牛乳 —— 80g

原味優格 —— 70g

事前準備

◎燕麥片用食物調理機攪碎（或用菜刀切成細碎，請參考下列的 **POINT**）。

◎奶油切成1cm丁塊狀，連同放進鋼盆的 **A** 材料，一起放進冰箱冷藏備用。

◎把牛乳和優格混在一起，放進冰箱冷藏備用。

製作方法

換掉「步粉司康」的 **A** 粉末材料，手粉改成米粉（份量外），牛乳換成牛乳＋優格，以相同的方式製作。

※依廠牌的不同，有些玄米粉比較不容易混合，這個時候，可以逐次添加牛乳＋優格，使麵團狀態與「步粉司康」（f）相同。

米粉、玄米粉、太白粉

這裡的司康使用了3種不同的粉末材料。米粉是無麩質的基底材料，玄米粉負責增添香氣，太白粉則負責酥脆口感。雖然三種粉末的混合有點麻煩，不過，如此就能在符合無麩質的條件下，烘烤出趨近於「步粉司康」的口感。（T）

燕麥片

以麥片材料而聞名的燕麥片是由燕麥加工而成。富含食物纖維，稍微搗碎後，可增添酥脆口感。（T）

POINT

燕麥片如果太過細碎，就會失去口感，太大則不方便食用，所以請壓碎成這樣的大小。

POINT

左是「步粉司康」，右是「無麩質原味司康」。兩種都有喀滋喀滋的口感，不過，無麩質的表面比較平滑，感覺比較紮實。

玉米司康

材料（寬5×長7cm的司康6個）

A 中筋麵粉 — 80g
　　全麥麵粉 — 35g
　　粗粒玉米粉 — 50g
　　粗糖 — 25g
　　泡打粉 — 8g
　　天然鹽 — 1g
無鹽奶油 — 70g
<u>酪乳替代品</u>
　　原味優格 — 65g
　　牛乳 — 30g
核桃 — 35g

事前準備

◎奶油切成1cm丁塊狀，放進冰箱冷藏備用。
◎優格和牛乳充分混合，製成酪乳替代品，放進冰箱冷藏備用。
◎核桃用150℃的烤箱烤15分鐘，1顆切成4等分。

製作方法

1 把**A**材料放進鋼盆，用手稍作攪拌。加入奶油，用指尖壓碎混合，攪拌成鬆散狀態（也可以把所有材料放進食物調理機攪拌）。

2 加入冷卻的酪乳替代品（一半份量），用指尖攪拌，使水分遍佈所有粉末。

3 剩下的酪乳替代品也要一邊觀察狀態，一邊加入混合。在還有些許粉末殘留的狀態下，加入核桃。整體混合均勻後，用切麵刀把附著在鋼盆內側的麵團刮下，匯整成團。

4 在料理台撒上手粉（高筋麵粉或中筋麵粉／份量外），放上麵團，上方也要撒上手粉。用撖麵棍稍微撒壓攤平，用手塑造出直徑12cm、高度3cm左右的圓形（**a**）。

5 菜刀撒上手粉，以放射狀的方式，把步驟 **4** 的麵團切成6等分（**b**）。如果麵團有破裂情況，就用手指稍微修整（**c**）。

6 把步驟 **5** 的麵團擺放在鋪好烘焙紙的烤盤上，用預熱180℃的烤箱烤20～25分鐘。中途，把烤盤的前後位置對調。

粗粒玉米粉
玉米攪碎後，再製作成粉狀。經常應用在玉米麵包、英式瑪芬。顆粒口感形成各種甜點的亮點。（T）

核桃
我選擇的是甜點用的生核桃，先用烤箱烤過，再切成個人想要的大小。這樣比較香，口感也比較好。我會視情況把外皮去除。（T）

a　　b　　c

POINT

酪乳是製作奶油之後，所剩下來帶有酸味的牛乳，在美國相當普遍，不過，日本當地很難取得，所以就用優格和牛乳混合後代替使用。

無麩質玉米司康

材料（寬5×長7cm的司康6個）

A | 米粉 ── 80g
太白粉 ── 20g
燕麥片 ── 15g
粗粒玉米粉 ── 50g
粗糖 ── 25g
泡打粉 ── 8g
天然鹽 ── 1g

無鹽奶油 ── 70g

酪乳替代品
原味優格 ── 65g
牛乳 ── 30g

核桃 ── 35g

事前準備

◎燕麥片用食物調理機攪碎（或用菜刀切成細碎）。

◎奶油切成1cm丁塊狀，放進冰箱冷卻備用。

◎優格和牛乳充分混合，製成酪乳替代品，放進冰箱冷卻備用。

◎核桃用150℃的烤箱烤15分鐘，1顆切成4等分。

製作方法

換掉「玉米司康」的**A**粉末材料，手粉改成米粉（份量外），以相同的方式製作。

CHEDDAR &
GREEN ONION SCONE

切達起司
香蔥司康

GULTEN-FREE CHEDDAR &
GREEN ONION SCONE

無麩質切達起司
香蔥司康

切達起司香蔥司康是，
「帕妮絲之家」出身的廚師的餐廳「Pizzaiolo」的晨間菜單，
因為實在太好吃了，所以我就試著模仿了一下。
起司融化後，烤得焦香的酥脆部分，令人食指大動。
加了大量香蔥，如小點心般的司康。

⇨ 製作方法24頁

BUTTERMILK PANNA COTTA

義式奶酪

「帕妮絲之家」全年都有販售的經典甜點。
有時搭配藍莓，有時則是玫瑰醬⋯⋯
非常適合做為飯後餐點。
可充分享受到酪乳的濃郁和些許的酸味，
以及滑嫩的口感。

⇨製作方法25頁

切達起司香蔥司康

材料（直徑6cm的司康8個）

無鹽奶油 ─ 70g

A 低筋麵粉 ─ 100g
　　中筋麵粉 ─ 100g
　　全麥麵粉 ─ 50g
　　粗糖 ─ 30g
　　泡打粉 ─ 8g
　　天然鹽 ─ 1g

牛乳 ─ 125g

切達起司 ─ 60g

珠蔥 ─ 30g（5～6支）

事前準備

◎切達起司切成1cm丁塊狀。珠蔥切成3mm寬的蔥花。

◎奶油切成1cm丁塊狀，連同放進鋼盆的**A**材料、牛乳，一起放進冰箱冷藏備用。

製作方法

1 依照「步粉司康」（參考18頁）的做法，進行到步驟**3**。之後，加入切達起司、珠蔥攪拌均勻。

2 繼續依照「步粉司康」步驟**4**之後的作法進行製作。

無麩質切達起司香蔥司康

材料（直徑6cm的司康8個）

無鹽奶油 ─ 70g

A 米粉 ─ 90g
　　玄米粉 ─ 60g
　　太白粉 ─ 40g
　　燕麥片 ─ 60g
　　粗糖 ─ 30g
　　泡打粉 ─ 8g
　　天然鹽 ─ 1g

牛乳 ─ 75g

原味優格 ─ 65g

切達起司 ─ 60g

珠蔥 ─ 30g（5～6支）

事前準備

◎切達起司切成1cm丁塊狀。珠蔥切成3mm寬的蔥花。

◎燕麥片用食物調理機攪碎（或用菜刀切成細碎）。

◎奶油切成1cm丁塊狀，連同放進鋼盆的**A**材料，一起放進冰箱冷藏備用。

◎牛乳和優格混合後，放進冰箱冷藏備用。

製作方法

1 換掉「步粉司康」（參考18頁）的**A**粉末材料，把牛乳換成牛乳＋優格，依照「步粉司康」的做法，進行到步驟**3**。之後，加入切達起司、珠蔥，攪拌均勻。

2 把手粉改成米粉（份量外），依照「步粉司康」步驟**4**之後的作法進行製作。

義式奶酪

材料（直徑4×高度4cm的布丁模型7個）

A 鮮奶油 ── 200g
　　牛乳 ── 100g
　　粗糖 ── 30g
　　天然鹽 ── 0.5g
原味優格 ── 70g
牛乳 ── 30g
明膠粉 ── 7g
<u>佐醬</u>
　　果醬（蘋果、無花果等）
　　　 ── 70g
　　水 ── 50g
　　粗糖 ── 5g
　　檸檬汁 ── 5g

事前準備

◎把優格和牛乳混合，製作成酪乳替代品。
◎把30g的水倒進較小的容器，倒入明膠粉，使其膨脹軟化。

製作方法

1 把 **A** 材料倒進鍋裡，用耐熱的橡膠刮刀一邊攪拌，用中火加熱。粗糖融化後，再進一步攪拌。溫度達到50℃後（放入手指，能稍微感受到熱的程度。小心不要燙傷），倒入明膠，持續攪拌，直到明膠溶解。

2 接著，倒入酪乳替代品攪拌，再用濾網一邊過濾到鋼盆裡。在大一個尺寸的鋼盆裡倒滿冰水，讓鋼盆的底部接觸冰水，用橡膠刮刀持續攪拌，直到呈現濃稠狀。

3 把步驟 **2** 的材料倒進用水沾濕的模型裡，放進冰箱，冷藏凝固2小時以上。

4 製作佐醬。把所有材料都倒進小鍋，開中火，一邊攪拌加熱。粗糖融化，全面沸騰之後，關火，放涼。

※**佐醬可依照個人喜好，加點白蘭地、櫻桃酒、萊姆酒等，也會十分美味。**

5 把步驟 **3** 的成品脫模。在鍋子裡準備50℃左右的熱水，溫熱模型底部3秒左右，再把盤子放在模型上面，一起翻轉倒扣，就能完美脫模。最後再加上佐醬。

司康的美味吃法＆保存方法

直到現在，我親手烘烤的「步粉司康」可說是不計其數。

不光是許多人愛吃，自己品嚐的時候，也總覺得「好好吃～」、「怎麼樣都吃不膩」。

午茶時光當然不用說，當早餐也非常適合。這裡就跟大家分享我個人偏愛的吃法。

下午茶

「步粉」的甜點套餐是搭配發泡鮮奶油、蜂蜜、當季水果製成的果醬。直接吃當然也非常美味，不過，透過不同的配料，就能品嚐到更多不同的美味感受。如果要搭配市售果醬，個人推薦法國「ST.DALFOUR」的藍莓果醬。這款果醬不使用砂糖，可以品嚐到果實本身的鮮甜滋味。

保存方法

司康不打算馬上吃的時候，建議冷凍保存。為了預防乾燥、沾染異味，請把袋子裡面的空氣擠出，然後，使用兩層密封袋。要吃的時候，只要在前一天，把冷凍的司康移到冰箱自然解凍就可以了。希望馬上吃的時候，可以利用電磁爐的解凍模式。如果在冷凍狀態下直接放進烤箱或烤麵包機裡面，就會導致外面焦黑，裡面卻仍維持冷凍的狀態，請多加注意。

美式早餐喜歡採用「培根＋楓糖漿」這樣的「甜」、「鹹」搭配組合。因此，我的司康早餐是搭配半熟蛋、煎得焦酥的培根和椰棗，最後再淋上楓糖漿。可以品嚐到各種甜味和鹹味，品嚐的過程也會充滿樂趣。

上桌之前

在「步粉」的店內，司康會先用190℃的烤箱加熱4分鐘再端上桌。店裡的烤箱很大，所以不會導致烤焦，但是，家用小烤箱或烤麵包機的火力較強，加熱烘烤的時候，請在上面稍微覆蓋鋁箔紙。不要包覆得太緊密，如果包覆得太緊密，裡面會燜蒸，就不會有酥脆的口感，所以建議稍微保留些縫隙。

無麩質甜點

　　去美國之前，我對所謂的「無麩質」完全沒有半點概念。總而言之，我就是喜歡麵粉製品。從小我就很喜歡早餐的麵包，也很愛餅乾，對那些麵粉製品，我完全沒有半點懷疑。然而，去美國居住之後，我才發現不管是超級市場或是麵包店，至少都會有一種無麩質麵包或是甜點。剛開始我只是隨意看了看，「和日本不一樣耶～」、「好多元喔～」唯一的想法只有如此。

　　讓我開始認真的思考無麩質的契機，是在我認識了泰莉（Teri）之後。泰莉是波特蘭當地專賣特調茶葉的「T PROJECT」的老闆。「聖誕節前夕的禮物祭要舉辦活動，仁美要不要帶著妳的甜點來參加？」泰莉的熱情邀約，讓我感到相當興奮，「居然有機會讓波特蘭的人們吃到我做的甜點！」於是，我便開心不已地馬上動手試作。基於保存期限的問題，我製作了義大利脆餅和燕麥片，泰莉看了之後，她說：「其實最近我正在控制麵粉的攝取」。「原以為泰莉應該會很開心，沒想到……她想要的是沒有麵粉的甜點？」於是，我便開始嘗試製作。在波特蘭的天然有機超市裡面，麵粉製品的區域陳列了許多「無麩質」的商品。換掉低筋麵粉的無麩質製品，味道並沒有太多改變，美味依舊！於是，活動的時候，我就準備了一般的麵包製品和無麩質的製品，結果，無麩質的製品大受歡迎。「就算沒有過敏體質，還是希望盡可能控制麵粉的攝取」，這樣的客戶心聲，讓我隱約感受到「多選項」的重要性。

在「T PROJECT」的活動中陳列的燕麥片和義大利脆餅。能夠銷售「步粉」的甜點，讓波特蘭的人們展露笑容，是令我難忘的美好回憶。

波特蘭的無麩質甜點專賣店「BACK TO EDEN」。明亮、舒適的店內，陳列了許多口感絕佳、滿足度極高的美味甜點，令人驚艷。

另一個重要的契機是，朋友突然對麵粉產生過敏。長年以來，她一直是「『步粉』的粉絲！」卻突然沒辦法吃，不光是她本人感到相當霹靂，連我也十分震驚。為了讓她可以繼續吃到『步粉』的甜點，我再次開始挑戰，試著改變麵粉的種類。

我在波特蘭的「BACK TO EDEN」吃過的肉桂捲，有著滿足度極高的美味，美味到幾乎讓人忘記那是無麩質的製品。日本是米飯之國，「說到無麩質，就會讓人聯想到米粉」，但往往很難擺脫黏膩的口感。不過，美國的無麩質製品似乎使用了各種不同類型的粉末。於是，製作無麩質的「步粉司康」的時候，因為酥脆的口感也非常重要，所以我就試著添加了燕麥片和玄米粉。結果，

過敏的朋友試吃之後，十分感激地說：「這完全就是『步粉』的味道啊～」，看到她的反應，連我都滿腔熱血了。剛開始經營「步粉」的時候，我根本沒想過自己會有製作無麩質製品的一天，而現在的我則希望在享受自己的變化的同時，持續向前邁進，讓顧客們能有更多的選擇。

我經常去採購的波特蘭的合作社「People's Food Co-op」。甜點區有許多嚴選自市內名店的無麩質甜點。

今後我也打算以事先預約制的方式，慢慢增加無麩質司康的套餐。

DOUBLE APPLE CAKE

雙重蘋果蛋糕

造訪長野縣飯綱町的蘋果果園「noon farm」的時候，
產生「好想用這漂亮的蘋果製作甜點」的強烈念頭，
因而從那次邂逅中所創作出的蛋糕。
不論是蛋糕上面，還是內餡，滿滿都是蘋果。

⇒製作方法32頁

CARROT CAKE
胡蘿蔔蛋糕

一般的胡蘿蔔蛋糕都會在麵團裡面添加核桃或葡萄乾等食材，
我則是選擇最簡單的烘烤方式，
為的就是充份運用高知「渡邊農園」有機栽培的胡蘿蔔美味。
再搭配上口感溫和的冷凍奶油起司，美妙的味道就完成了。

⇨製作方法33頁

雙重蘋果蛋糕

材料（15×15cm的方形模1個）

無鹽奶油 ── 90g

蛋黃 ── 35g

粗糖 ── 35g＋40g

天然鹽 ── 2g

原味優格 ── 45g

蛋白 ── 70g

A 低筋麵粉 ── 75g

　　杏仁粉 ── 55g

　　泡打粉 ── 3g

糖煮蘋果（參考下列）── 180g

頂飾蘋果 ── 1又1/2顆

蘋果糖漿（參考下列）

　　 ── 1又1/2大匙

糖煮蘋果的製作方法

1又1/2顆的蘋果，削皮、去除果核後，切成8等分的梳形切，再進一步切成較大的銀杏切（果皮和果核留下來製作糖漿）。連同20g的粗糖一起放進鍋裡。稍微產生水分後，開中火烹煮一段時間。待水分逐漸收乾後，加入檸檬汁8g、肉桂粉0.5g，收乾湯汁的同時，注意不要讓果肉太過軟爛。起鍋後，倒進調理盤放涼。

蘋果糖漿的製作方法

把糖煮蘋果的果皮和果核、淹過材料的水，放進鍋裡，開中火加熱。沸騰後，改用小火，待湯汁變紅，果皮變軟爛後，關火，用濾網過濾。把湯汁倒回鍋裡，加入粗糖10g、檸檬汁3g，開火加熱，烹煮至濃稠狀。

事前準備

◎奶油恢復至室溫。

◎蛋白放進冰箱冷藏備用。

◎在模型上面薄塗一層菜種油（份量外），鋪上烘焙紙。

◎頂飾蘋果去除果核，在帶皮狀態下切成梳形切（**a**），進一步切成薄片後，淋上檸檬汁備用（份量外）。

製作方法

1 把奶油放進鋼盆，用打蛋器充分攪拌，使內部充滿空氣，直到呈現乳霜狀為止。加入粗糖35g、鹽巴，攪拌至沒有顆粒感為止。

2 蛋黃分2次加入，每次都要用打蛋器攪拌均勻，才能再加入下一次。加入優格，攪拌均勻。

3 把冰冷的蛋白倒進另一個鋼盆，用手持攪拌器（高速）打發起泡。呈現雪白、鬆軟後，加入剩餘的粗糖40g的一半份量，進一步打發。變得黏稠後，加入剩餘的粗糖，持續打發。氣泡變細緻，呈現勾角後，切換成低速，使整體的氣泡變得均勻。

4 把步驟 **3** 的一半份量，倒進步驟 **2** 的鋼盆裡，用切麵刀或橡膠刮刀攪拌均勻。篩入一半份量的 **A** 材料，攪拌均勻。接著再重複一次相同的操作。加入糖煮蘋果（**b**），攪拌均勻。

5 把步驟 **4** 的麵糊倒進模型，用抹刀把表面抹平。將切成薄片的蘋果排列成左右兩排（**c**）。

6 放進預熱至170℃的烤箱，烤30分鐘。蛋糕表面呈現酥脆的焦黃色後，蓋上鋁箔紙，再進一步烤20～25分鐘。中途把烤盤的前後位置對調。把竹籤刺入中央，如果竹籤上面沒有沾黏麵糊，就可以出爐。在蛋糕表面輕輕覆蓋保鮮膜，在燜蒸的狀態下放涼。

7 熱度消退後，用毛刷把蘋果糖漿塗抹在蛋糕的表面（**d**）。

胡蘿蔔蛋糕

材料（18×8×高6cm的磅蛋糕模型1個）

胡蘿蔔 ── 130g
杏仁粉 ── 60g
無鹽奶油 ── 95g
粗糖 ── 75g
天然鹽 ── 0.8g
全蛋 ── 75g
A ｜ 低筋麵粉 ── 50g
　　｜ 全麥麵粉 ── 45g
　　｜ 泡打粉 ── 2g
　　｜ 肉桂粉 ── 1g
蘭姆酒 ── 10g
奶油霜
　　｜ 奶油起司 ── 65g
　　｜ 奶油 ── 15g
　　｜ 原味優格 ── 30g
　　｜ 粗糖 ── 10g
　　｜ 糖漬杏桃（參考40頁）的湯汁
　　｜ 　　 ── 6g
　　｜ 檸檬汁 ── 2g
　　｜ 樹膠糖漿 ── 2g

事前準備

◎奶油、雞蛋恢復至室溫。
◎奶油霜用的優格使用咖啡濾杯等道具，放置一晚，瀝乾水分（約剩下15g）。
◎在模型上面薄塗一層菜種油（份量外），底部和左右側面鋪上烘焙紙。

製作方法

1 胡蘿蔔磨成泥，或是放進食物調整機攪拌成細末（**a**），和杏仁粉混合（**b**）。

2 把奶油放進鋼盆，用打蛋器充分攪拌，使內部充滿空氣，直到呈現乳霜狀為止。加入粗糖、鹽巴，攪拌至沒有顆粒感為止。

3 把蛋液分2～3次加入，每次都要用打蛋器攪拌均勻，才能再加入下一次。加入步驟 **1** 的材料，用橡膠刮刀攪拌均勻。

4 分2次，把 **A** 的粉末材料篩入鋼盆，每次都要用橡膠刮刀從底部往上撈起攪拌，直到粉末感消失，才能再加入下一次。加入蘭姆酒，進一步攪拌均勻。

5 把步驟 **4** 的麵糊倒進模型，用抹刀做出左右兩側較高，中央凹陷的形狀（**c**）。用預熱至170℃的烤箱烤35分鐘。中途把烤盤的前後位置對調。把竹籤刺入中央，如果竹籤上面沒有沾黏麵糊，就可以出爐。出爐後馬上進行脫模，然後用保鮮膜包起來，放涼。熱度消退後，放進冰箱冷藏。

6 製作奶油霜。把所有材料放進鋼盆，充分攪拌均勻。將奶油霜塗抹在步驟 **5** 冷卻的蛋糕體上面，用抹刀均勻抹開。用菜刀把綠開心果（份量外）切碎，宛如劃出一條直線般，排列在正中央。

ⓐ　　ⓑ　　ⓒ

奶油起司

建議採用酸味不會太過強烈，味道濃醇，口感滑嫩的奶油起司。TAKANASHI乳業的奶油起司使用北海道根釧地區的生乳。（TA）

LEMON & POPPY SEED CAKE

檸檬罌粟籽蛋糕

在瑞典的「玫瑰谷花園」首次接觸到
令我印象深刻的檸檬蛋糕。
無機栽培的檸檬，不光是果皮、果汁，甚至連種籽也毫不浪費。
在沒有檸檬的北歐，檸檬是備受重視的食材。
酸味中隱約帶點苦味，形成絕妙的味覺亮點。
再加上罌粟籽的顆粒口感，滋味令人難忘。
也可以搭配優格香緹一起享用。

⇨製作方法36頁

材料內含『罌粟籽』，製作時須
注意當地規範，請勿於列管區域
進口、製作及販賣。

LEMON & POPPY SEED OIL CAKE
檸檬罌粟籽油蛋糕

做法比左頁的「檸檬罌粟籽蛋糕」簡單、輕鬆的蛋糕。
把奶油換成植物油,雞蛋一起打發,不用刻意分開。
沒有時間、希望輕鬆製作的時候,可以選擇這一種。
當然,油蛋糕同樣也能獲得大大滿足。
同樣也建議搭配優格香緹一起享用。
⇨製作方法37頁

材料內含『罌粟籽』,製作時須
注意當地規範,請勿於列管區域
進口、製作及販賣。

檸檬罌粟籽蛋糕

材料（直徑15×高5cm的圓形模型1個）

檸檬（無農藥、無蠟）── 1個

無鹽奶油 ── 110g

A 粗糖 ── 55g
天然鹽 ── 1g

蛋黃 ── 20g

蛋白 ── 45g

粗糖 ── 65g

B 中筋麵粉 ── 55g
低筋麵粉 ── 50g
泡打粉 ── 1g

罌粟籽（黑罌粟的種籽）── 20g

※罌粟籽使用須遵各地區規範。

事前準備

◎為去除苦澀味，檸檬放進裝滿水的容器內浸泡（**a**），冷藏1個星期，同時每天換1次水。

◎在模型的內側薄塗一層植物油（份量外），底部鋪上烘焙紙。

◎奶油恢復至室溫。蛋白放進冰箱冷藏備用。

製作方法

1 檸檬擦乾水分，切成適當大小（**b**），放進食物調理機攪拌成碎泥（取淨重55g使用）。

2 把奶油放進鋼盆，用打蛋器充分攪拌，使內部充滿空氣，直到呈現乳霜狀為止。加入 **A** 材料，攪拌至沒有顆粒感為止。

3 蛋黃分2次加入，每次都要用打蛋器攪拌均勻，才能再加入下一次。加入步驟 **1** 的材料，攪拌均勻。

4 把冰冷的蛋白倒進另一個鋼盆，用手持攪拌器（高速）打發起泡。呈現雪白、鬆軟後，加入一半份量的粗糖，進一步打發。變得黏稠後，加入剩餘的粗糖，持續打發。氣泡變得細緻，呈現勾角後，切換成低速，使整體的氣泡變得均勻。

5 把步驟 **4** 的一半份量，倒進步驟 **3** 的鋼盆裡，用橡膠刮刀攪拌均勻。把一半份量的 **B** 材料篩入鋼盆，攪拌均勻。接著再重複一次相同的操作。加入罌粟籽，將所有材料攪拌均勻。

6 把步驟 **5** 的麵糊倒進模型，抹平。放進預熱至180℃的烤箱，烤20分鐘。將烤盤的前後位置對調後，將溫度降至170℃，再烤10分鐘。最後，再蓋上鋁箔紙，烤10分鐘。

7 把竹籤刺入中央，如果竹籤上面沒有沾黏麵糊，就可以出爐。脫模，用保鮮膜包起來，放涼。

優格香緹的製作方法
（容易製作的份量）

原味優格100g瀝乾水分，準備50g的份量。將鮮奶油80g打至七分發，加入粗糖5g，攪拌均勻，再加入瀝乾水分的優格，攪拌均勻。

POINT

檸檬就使用日本國產有機栽培、沒有塗蠟的種類吧！磨碎成膏狀的檸檬也能夠冷凍保存，因此，只要在檸檬盛產的冬天至春天期間採購備用，春天之後還是可以製作。

罌粟籽

罌粟籽經常被用於紅豆麵包的頂飾等部分，最大的特色就是獨特的香氣和顆粒口感。市面上有白色和偏黑（藍）的種類，不過，這道甜點則是使用後者。

檸檬罌粟籽油蛋糕

材料（直徑15×高5cm的圓形模型1個）

檸檬（無農藥、無蠟）── 1個

全蛋 ── 65g

粗糖 ── 120g

天然鹽 ── 1g

菜種油 ── 110g

A｜低筋麵粉 ── 105g
　｜泡打粉 ── 1g

罌粟籽（黑罌粟的種籽）── 20g

※罌粟籽使用須遵各地區規範。

事前準備

◎為去除苦澀味，檸檬放進裝滿水的容器內浸泡，冷藏1個星期，同時每天換1次水。

◎在模型的內側薄塗一層植物油（份量外），底部鋪上烘焙紙。

製作方法

1 檸檬擦乾水分，切成適當大小，放進食物調理機攪拌成碎泥（取淨重55g使用）。

2 把雞蛋打進鋼盆，用打蛋器打散，加入粗糖、鹽巴，攪拌均勻，直到呈現雪白。分3次加入菜種油，每次都要攪拌均勻，才能再加入下一次。接著，加入步驟 **1** 的材料，攪拌均勻。

3 把 **A** 材料篩入步驟 **2** 的鋼盆，用橡膠刮刀攪拌均勻。加入罌粟籽，將所有材料攪拌均勻。

4 把步驟 **3** 的麵糊倒進模型，抹平。放進預熱至180℃的烤箱，烤20分鐘。將烤盤的前後位置對調後，將溫度調降至170℃，再烤10分鐘。最後，再蓋上鋁箔紙，烤10分鐘。

5 把竹籤刺入中央，如果竹籤上面沒有沾黏麵糊，就可以出爐。脫模，用保鮮膜包起來，放涼。

POINT

左邊是有著濕潤黏膩口感的「檸檬罌粟籽蛋糕」，右邊則是口感輕盈且彈牙的「檸檬罌粟籽油蛋糕」。請依照個人喜愛的麵糊口感，配合個人的時間靈活運用。

蜜紅豆

糖漬杏桃

「步粉」的甜點套餐—豆奶葛餅，
固定都會附上一坨蜜紅豆。
不把湯汁倒掉的紅豆烹煮法是，
「Mattin（小町）」的和菓子達人，町野仁英，
在他自己的書中介紹的方法。
在嘗試過相同方法之後，
我發現紅豆的美味變得更加鮮明，
所以我現在都固定採用「小町製法」。
⇨製作方法40頁

和蜜紅豆一起隨著葛餅上桌的糖漬杏桃。
這兩種配料的搭配，可說是最強組合。
缺乏當季水果的時候，
只要有這一道小甜點，
隨時都可以美味上桌。
⇨製作方法40頁

APRICOT & RED BEAN PASTE CAKE

紅豆杏桃蛋糕

消費者窩在家裡，餐廳無法營業的時候，
什麼樣的網購甜點比較符合「步粉」風格呢？
於是，我便用經典甜點套餐中固定出現的兩種食材，
組合開發出這個蛋糕。
鬆軟蜜紅豆的香甜和
杏桃的清新口感，十分速配。

⇨製作方法41頁

蜜紅豆

材料（容易製作的份量）

紅豆 ── 300g

粗糖 ── 180g

天然鹽 ── 3g

紅豆

北海道產的特選紅豆，顆粒不會太大，外皮也比較軟，可烹煮出美味的蜜紅豆。紅豆的新鮮度也非常重要，在使用期限內用完吧！（T）

製作方法

1 紅豆清洗後，放進鍋裡，加入大量的水。開大火加熱，沸騰後，改成中火，烹煮10分鐘。關火。蓋上鍋蓋，燜30分鐘。

2 加水，水位約高出紅豆的3cm左右，在沒有蓋上鍋蓋的情況下，用中火煮15分鐘。進一步改成小火，蓋上鍋蓋，偶爾掀蓋觀察水量的減少情況，烹煮30分鐘。紅豆膨脹，呈現手指可輕易壓碎的狀態（**a**），就可以關火。在蓋上鍋蓋的情況下，燜40分鐘。

3 把湯汁的水量調整至差不多淹過紅豆的程度（如果水量過多，就倒掉）（**b**），加入一半份量的粗糖和鹽巴，開中小火加熱，煮10分鐘。加入剩餘的粗糖和鹽巴，持續烹煮。

4 用木勺從底部往上撈，紅豆煮至個人偏愛的軟硬度後，關火（稍微預留些湯汁，紅豆就會冷卻期間吸滿湯汁，軟硬恰到好處）。倒進鍋裡冷卻。

※放進保存容器，可冷藏保存5天。可冷凍保存2星期。

ⓐ ⓑ

糖漬杏桃

材料（容易製作的份量）

杏桃乾 ── 200g

粗糖 ── 75g

杏桃乾

杏桃乾建議購買無添加砂糖的種類。我固定使用的是美國產的小顆粒類型。製作成糖漬杏桃後，味道會更紮實，口感更豐潤。

製作方法

1 鍋裡放入杏桃、淹過杏桃的水量、粗糖，開大火加熱。如果有浮渣，就將浮渣撈出，然後蓋上鍋蓋，用小火烹煮10分鐘。在保留些許硬度的狀態下關火。

※連同湯汁一起放進保存容器，約可冷藏1個月。湯汁也可以用蘇打水稀釋製作成飲品，同樣也相當美味。另外，湯汁也可以用來製作「杏桃黑芝麻豆腐提拉米蘇」、「柑橘黃豆粉提拉米蘇」（60頁）。

紅豆杏桃蛋糕

材料（18×8×高6cm的磅蛋糕模型1個）

無鹽奶油 ── 105g

A ┌ 粗糖 ── 35g
　　└ 天然鹽 ── 1g

蛋黃 ── 35g

原味優格 ── 20g

蛋白 ── 75g

粗糖 ── 55g

B ┌ 低筋麵粉 ── 95g
　　├ 杏仁粉 ── 20g
　　└ 泡打粉 ── 1g

糖漬杏桃（參考左頁）── 60g

蜜紅豆（參考左頁）── 75g

糖漿
　　蜜紅豆湯汁（參考左頁）── 15g
　　樹膠糖漿 ── 5g
　　水 ── 5g
　　檸檬汁 ── 5g

事前準備

◎奶油恢復至室溫。

◎蛋白放進冰箱冷藏備用。

◎在模型的內側薄塗一層植物油（份量外），在底部和左右兩側鋪上烘焙紙。

製作方法

1 把奶油放進鋼盆，用打蛋器充分攪拌，使內部充滿空氣，直到呈現乳霜狀為止。加入 **A** 材料，攪拌至沒有顆粒感為止。

2 蛋黃分2次加入，每次都要用打蛋器攪拌均勻，才能再加入下一次。加入優格，攪拌均勻。

3 把冰冷的蛋白倒進另一個鋼盆，用手持攪拌器（高速）打發起泡。呈現雪白、鬆軟後，加入一半份量的粗糖，進一步打發。變得黏稠後，加入剩餘的粗糖，持續打發。直到氣泡變細緻，呈現勾角後，切換成低速，使整體的氣泡變得均勻。

4 把步驟 **3** 的一半份量，倒進步驟 **2** 的鋼盆裡，用橡膠刮刀攪拌均勻。把一半份量的 **B** 材料篩加入鋼盆，攪拌均勻。接著再重複一次相同的操作。

5 把步驟 **4** 一半份量的麵糊倒進模型，用抹刀抹平。放入糖漬杏桃，在中央排列成一直線（**a**）。接著，在杏桃上面鋪上蜜紅豆，使蜜紅豆呈現條狀（**b**）。使用橡膠刮刀，把所有剩餘的麵糊倒進模型（**c**），用抹刀抹平。

6 放進預熱至170℃的烤箱，烤35分鐘。將烤盤的前後位置對調。如果感覺表面好像快要焦黑的話，就蓋上鋁箔紙烘烤。

7 把竹籤刺入中央，如果竹籤上面沒有沾黏麵糊，就可以出爐。脫模，用毛刷抹上糖漿（將所有材料混合），側面也要塗抹（**d**）。用保鮮膜包起來，放涼。

STRAWBERRY & RHUBARB ALMOND CAKE
草莓大黃根杏仁蛋糕

自從在初夏的瑞典吃過草莓大黃根杏仁蛋糕之後，
就再也忘不掉它的美味。
在日本，草莓和大黃根盛產在不同的季節，
不過，北歐則是兩種都產於初夏。
由於兩種食材都可以冷凍，所以只要在當季做好保存，
就可以在想吃的時候製作。
⇨製作方法44頁

CARDAMOM CAKE
白荳蔻蛋糕

説到瑞典，最有名的就是肉桂捲，
不過，實際走訪當地才發現，
白荳蔻捲也同樣十分熱銷，
白荳蔻受歡迎的程度也是相當驚人。
就連我自己也深深被白荳蔻所吸引。
白荳蔻的豆莢裡面的黑色顆粒是最具香氣的部分，
一旦放入口中，濃厚的餘韻便持久不散。

⇨製作方法45頁

草莓大黃根杏仁蛋糕

材料（直徑15×高度5cm的圓形圈模1個）

草莓（小顆）── 15顆　　杏仁奶油餡

大黃根 ── 20cm（約40g）　　無鹽奶油 ── 45g

蛋糕底　　　　　　　　　　粗糖 ── 40g

　無鹽奶油 ── 70g　　　　全蛋 ── 45g

A　粗糖 ── 50g　　　**C**　杏仁粉 ── 45g

　天然鹽 ── 0.2g　　　　低筋麵粉 ── 10g

　全蛋 ── 25g

B　低筋麵粉 ── 100g

　泡打粉 ── 1g

事前準備

◎在模型的內側塗一層奶油（份量外），撒上高筋麵粉（或低筋麵粉／份量外），再抖掉多餘的粉末。

◎草莓用水清洗後，用廚房紙巾輕柔地吸乾水份，去除蒂頭。大黃根同樣水洗後擦乾，切成1～1.5cm寬。裝進夾鏈袋，冷凍備用（直接生烤也OK）。

製作方法

1 製作蛋糕底。把奶油放進鋼盆，用打蛋器充分攪拌，使內部充滿空氣，直到呈現乳霜狀為止。加入 **A** 材料，攪拌至沒有顆粒感為止。

2 加入一半份量的蛋液，用打蛋器攪拌，把一半份量的 **B** 材料篩入鋼盆，用打蛋器攪拌均勻。加入剩餘的蛋液攪拌均勻。加入剩餘的 **B** 材料，利用從底部往上撈的方式，用切麵刀攪拌均勻。

3 把步驟 **2** 的麵糊倒進模型裡面，用抹刀抹開麵糊，使底部呈現平坦，側面也要抹開，就像是製作堤防似的（**a**）、（**b**）（就像利用蛋糕底把杏仁奶油餡包圍在裡面似的）。冷藏15分鐘。

4 製作杏仁奶油餡。把奶油放進鋼盆，用打蛋器充分攪拌，使內部充滿空氣，直到呈現乳霜狀為止。加入粗糖，攪拌至沒有顆粒感為止。

5 加入一半份量的蛋液，用打蛋器攪拌，把剩下的蛋液倒入，攪拌均勻。把一半份量的 **C** 材料篩入鋼盆，利用從底部往上撈的方式，攪拌均勻。加入剩餘的粉末類材料，進行相同的步驟。

6 把步驟 **5** 倒在步驟 **3** 的蛋糕底上面（**c**），用抹刀抹平（**d**）。放進冰箱，冷藏30分鐘。從冷凍庫取出草莓、大黃根，盡可能地填滿整個蛋糕的表面。先排列上草莓，然後再利用大黃根填滿縫隙即可（**e**）。

7 用預熱至180℃的烤箱，烤20分鐘。將溫度調降至170℃，再進一步烤20～30分鐘（如果表面好像快焦黑的話，就覆蓋鋁箔紙）。中途將烤盤的前後位置對調。

8 把竹籤刺入中央，如果竹籤上面沒有沾黏麵糊，就可以出爐。趁熱進行脫模，用保鮮膜包起來，放涼。熱度消退後，放進冰箱冷藏2小時以上。

※冷藏狀態下比較能完美切割，麵糊會更扎實、更美味。

POINT

草莓去除蒂頭後，冷凍保存。如果可以，建議選購露天種植，小顆且帶有酸味的種類。最近日本國產變得容易取得的大黃根，比起綠色種類，莖略帶紅色的種類，會讓色調更漂亮。

白荳蔻蛋糕

材料（18×8×高度6cm的磅蛋糕模型1個）

無鹽奶油 —— 130g

A | 粗糖 —— 110g
　　| 天然鹽 —— 1g

全蛋 —— 105g

B | 低筋麵粉 —— 140g
　　| 泡打粉 —— 3g

白荳蔻籽（淨重）—— 5g

鮮奶油 —— 50g

事前準備

◎奶油、雞蛋、鮮奶油恢復至室溫。

◎在模型的內側薄塗一層植物油（份量外），在底部和左右兩側鋪上烘焙紙。

製作方法

1 白荳蔻使用位於綠皮內側的黑褐色顆粒部分。用攪拌機攪碎成略粗的粉末（或用菜刀切成略粗的細碎）。

2 把奶油放進鋼盆，用打蛋器充分攪拌均勻，使內部充滿空氣，直到呈現乳霜狀為止。加入 **A** 材料，攪拌至沒有顆粒感為止。

3 加入一半份量的蛋液，用打蛋器攪拌均勻。把一半份量的 **B** 材料篩入鋼盆，用打蛋器攪拌均勻。加入剩餘的蛋液攪拌均勻。加入剩餘的 **B** 材料，用橡膠刮刀從底部往上撈起，攪拌均勻。

4 加入步驟 **1** 的白荳蔻，攪拌均勻。接著，加入鮮奶油，攪拌均勻。

5 把步驟 **4** 的麵糊倒進模型裡面，抹平。用預熱至170℃的烤箱，烤35～40分鐘。中途將烤盤的前後位置對調。把竹籤刺入中央，如果竹籤上面沒有沾黏麵糊，就可以出爐。脫模後，用保鮮膜包起來，放涼。

※相較於剛出爐，放置2天後，奶油會更加融合，口感更濕潤、美味。

白荳蔻

白荳蔻不要選擇粉狀，選擇帶豆莢的「整顆白荳蔻」。清涼香氣是白荳蔻的主要特色，經常應用於北歐的甜點。

POINT

從豆莢裡面取出黑色的顆粒，用攪拌機攪碎，或用菜刀切碎使用。僅單獨使用香氣強烈的黑色顆粒，便是關鍵所在。

HONEY WHISKY CAKE
蜂蜜威士忌蛋糕

在從波特蘭的語言學校回家的路上，我總會到甜點店，
一邊寫作業，一邊品嚐咖啡和甜點。
我很喜歡名店「Little T American Baker」的蜂蜜茶點蛋糕，
經過幾次請求，如願踏進他們的廚房參觀，真的讓我很開心。
所謂的茶點蛋糕不是使用紅茶，而是「適合搭配紅茶的蛋糕」的意思。
把吸入滿滿蜂蜜糖漿的蛋糕加以改良，
便成了「步粉」風格的茶點蛋糕了。
⇨製作方法48頁

CARAMEL MISO BURDOCK NUTS CAKE

焦糖味噌
牛蒡堅果蛋糕

居住在波特蘭的期間，
「成林寺味噌」的歐內斯特和他的妻子百合，一直對我十分關照。
因為希望為他們盡些棉薄之力……於是便開發出味噌風味的蛋糕。
這是「步粉」熱銷商品「牛蒡堅果雙重焦糖蛋糕」的改良版。
芳香的牛蒡和堅果的風味，和運用味噌製成的麵糊十分契合。

⇨製作方法49頁

蜂蜜威士忌蛋糕

材料（18×8×高6cm的磅蛋糕模型1個）

全蛋 —— 75g

粗糖 —— 65g

天然鹽 —— 1.2g

菜種油 —— 95g

牛乳 —— 110g

威士忌 —— 20g

A 中筋麵粉 —— 120g

　　杏仁粉 —— 60g

　　泡打粉 —— 1.5g

　　小蘇打 —— 2g

蜂蜜威士忌糖漿

　　蜂蜜 —— 45g

　　粗糖 —— 10g

　　威士忌 —— 30g

事前準備

◎雞蛋、牛乳恢復至室溫。

◎在模型的內側薄塗一層菜種油（份量外），在底部和左右兩側鋪上烘焙紙。

製作方法

1 把雞蛋打入鋼盆，用打蛋器充分攪拌。加入粗糖、鹽巴，持續攪拌，直到呈現雪白。菜種油分3～4次加入，每次都要攪拌均勻，才能再加入下一次。加入牛乳攪拌均勻。加入威士忌攪拌均勻。

2 把一半份量的 **A** 材料篩入鋼盆，用橡膠刮刀攪拌均勻。剩下的 **A** 材料也要加入，攪拌均勻，直到粉末感消失為止。

3 把步驟 **2** 的麵糊倒進模型，用抹刀抹平。放進預熱至180℃的烤箱，烤6分鐘。取出後，用小刀在蛋糕的中央劃出1條直線（**a**），放回烤箱，再烤10分鐘。將烤盤的前後位置對調，再烤15分鐘。把竹籤刺入中央，如果竹籤上面沒有沾黏麵糊，就可以出爐。出爐後，馬上脫模。

4 把蜂蜜威士忌糖漿的所有材料放進小鍋，開中火加熱。粗糖融化後，一邊攪拌加熱。趁蛋糕溫熱的時候，用毛刷把大量的糖漿塗抹於上方與側面（**b**）。用保鮮膜包起來，直接放涼。

焦糖味噌牛蒡堅果蛋糕

材料（15×15cm的方形模型1個）

無鹽奶油 —— 100g

粗糖 —— 10g

天然鹽 —— 1g

味噌 —— 45g

焦糖醬（參考下列）—— 120g

全蛋 —— 180g

A　低筋麵粉 —— 105g

　　杏仁粉 —— 30g

　　泡打粉 —— 2g

煎牛蒡（參考52頁）—— 65g

核桃 —— 50g

焦糖杏仁

　　玉米片（或玄米片）—— 20g

　　杏仁片 —— 50g

B　鮮奶油 —— 40g

　　無鹽奶油 —— 40g

　　粗糖 —— 30g

　　蜂蜜 —— 20g

　　天然鹽 —— 1g

事前準備

◎核桃用150℃的烤箱烤15分鐘，1顆切成4等分。

◎雞蛋、奶油恢復至室溫。

◎在模型的內側薄塗一層植物油（份量外），在底部和左右兩側鋪上烘焙紙。

製作方法

1　把奶油放進鋼盆，用打蛋器攪拌至呈現乳霜狀。加入粗糖、鹽巴，攪拌均勻。依序加入味噌、焦糖醬，每次加入後都要攪拌均勻，才能再加入下一次。

2　雞蛋打散成蛋液，把1/3的份量倒進鋼盆，用打蛋器畫圓攪拌。把部分A材料篩入（約3篩）鋼盆，用打蛋器畫圓攪拌。之後再依照1/3份量的蛋液→部分粉末（篩入）→剩餘蛋液的順序，將材料放進鋼盆。每次加入材料後都要攪拌均勻，才能再加入下一次的材料（因為這種麵糊容易油水分離，所以粉末類材料要逐次加入，並攪拌均勻）。

3　把剩餘的所有粉末材料全部篩入鋼盆，用橡膠刮刀從底部往上撈起攪拌。加入煎牛蒡、核桃，攪拌均勻。

4　把步驟3的麵糊倒進模型，抹平。放進預熱至170℃的烤箱，烤20分鐘。覆蓋上鋁箔紙，再烤10～15分鐘。將烤盤的前後位置對調。把竹籤刺入中央，如果竹籤上面沒有沾黏麵糊，就可以出爐。出爐後，馬上脫模。用保鮮膜包起來，直接放涼。

5　製作焦糖杏仁。烤箱預熱至180℃。把B材料放進鍋裡加熱，沸騰後，放入玉米片、杏仁片，用耐熱的橡膠刮刀攪拌均勻。

6　把步驟4包覆在蛋糕外面的保鮮膜拿掉，在黏著烘焙紙的狀態下，將蛋糕放回模型。把步驟5的焦糖杏仁倒在上方，用抹刀抹開，使焦糖杏仁佈滿上方。用180℃的烤箱烤10分鐘，從烤箱內取出後，連同模型一起放涼。熱度消退後，用保鮮膜包起來，放進冰箱，冷藏2小時以上。

※冷藏狀態比較能完美切割。

焦糖醬的製作方法
（完成量約240g左右）

把粗糖180g和水1大匙放進鍋裡，開大火加熱，在沒有晃動鍋子的情況下，讓粗糖自然融化。邊緣開始呈現焦黑後，持續晃動鍋子，直到整體呈現深褐色。關火，分次加入70g的水，一邊攪拌混合（注意避免濺起燙傷）。開小火，用耐熱性的木鏟等道具，一邊攪拌，使沾在鍋底或側面的粗糖結塊融化。關火，加入40g的鮮奶油攪拌均勻，倒進鋼盆，放涼。

※可以多製作一點，剩餘部分可以拿來抹土司，也可以用牛奶稀釋成焦糖牛奶。放進保存容器，約可冷藏5天左右。

※製作焦糖時，鍋子如果有髒汙殘留，砂糖就會結晶化，有時就無法順利製作。請務必使用乾淨的鍋子。

味噌

我個人偏愛使用的是，在合作社採購的「MARUMO青木味噌」的「日本國產100%麴味噌」。我很喜歡它不會太鹹的溫和味道。味噌湯也推薦使用。

MISO BURDOCK GRANOLA
味噌牛蒡燕麥

波特蘭舉辦「發酵食品祭典」活動的時候，
我幫「成林寺味噌」製作了這種燕麥，結果在當地大受好評。
「希望能夠製作販售」的呼聲，也讓我感到相當開心。
和「焦糖味噌牛蒡堅果蛋糕」（參考47頁）一樣，
同樣使用了煎牛蒡，所以建議在同一時期製作。

⇨製作方法52頁

MISO SESAME BISCOTTI
味噌芝麻義式脆餅

義式脆餅是義大利的甜點，
加了味噌之後，便成了日本道地的鄉土甜點。
裡面也添加了大量的芝麻，充滿了懷舊風味。
從烘烤的時候便持續散發著沉穩的香氣。
因為容易焦黑，所以烘烤時要多加注意。

⇨製作方法53頁

味噌牛蒡燕麥

材料（容易製作的份量）

A 燕麥片 — 100g
　　杏仁 — 40g
　　葵花籽 — 20g
　　椰子細粉 — 5g
　　白芝麻 — 5g
　　煎牛蒡（參考下列）— 35g
　　米粉 — 10g
　　玄米粉 — 10g
　　太白粉 — 5g
　　粗糖 — 20g
　　黑糖 — 20g
　　天然鹽 — 0.8g
味噌 — 20g
清豆漿 — 20g
菜種油 — 25g
葡萄乾 — 40g
小紅莓 — 20g

製作方法

1 把 **A** 材料放進鋼盆，用手將所有材料充分混合。

2 把味噌放進另一個小盆，加入豆漿，用湯匙攪拌均勻。加入菜種油，攪拌均勻。

3 把步驟 **2** 的材料倒進步驟1的鋼盆，用切麵刀從底部往上撈起，攪拌均勻。

4 把步驟 **3** 的材料平鋪在烤盤上，用預熱至150℃的烤箱，烤15分鐘。因為味噌容易烤焦，所以從烤箱取出後，如果有焦黑的部分，就要加以剃除。然後再用切麵刀進行翻面，就像是把烤盤底部和上面的燕麥對調似的，再次均勻鋪平。再次放進烤箱內，烤15分鐘。接著，再次翻面，繼續烤10分鐘，總計共烤40分鐘。

5 加入葡萄乾、小紅莓，在關閉電源的烤箱內，放置10分鐘。

※味噌特別容易焦黑，所以上述的烘烤時間僅供參考，請一邊觀察烤箱內的狀態，一邊調整烘烤的時間。

煎牛蒡的做法
（成品約65g左右）

牛蒡100g（細條種類約1又/2條）清洗乾淨，在帶皮狀態下斜切成薄片，泡水10分鐘。把水瀝乾，放進鍋裡，開較強的中火加熱。水分減少後，加入粗糖20g，拌勻。湯汁收乾後，加入蘭姆酒20g，持續加熱至湯汁收乾為止。平鋪在調理盤上，放涼。

黑糖

由甘蔗製成，精製度較低的黑糖，含有大量的礦物美味。把一半的砂糖換成黑糖，就能增添風味，同時又不會被味噌搶去整體的風采。（T）

味噌芝麻義式脆餅

材料（11×1cm的義式脆餅16根）

全蛋 ── 60g

粗糖 ── 60g

天然鹽 ── 1g

味噌 ── 30g

白芝麻 ── 40g

A | 低筋麵粉 ── 80g
 | 杏仁粉 ── 70g

杏仁片 ── 60g

事前準備

◎杏仁片用150℃的烤箱烤15分鐘。

製作方法

1 把雞蛋放進鋼盆，用打蛋器攪拌均勻。加入粗糖、鹽巴，攪拌至呈現雪白光澤。加入味噌攪拌均勻。同時也要加入白芝麻攪拌均勻。

2 把一半份量的 **A** 材料篩入鋼盆，用切麵刀從鋼盆底部往上撈起，將材料攪拌均勻。在還有些微粉末感殘留的狀態下，篩入剩餘的 **A** 材料，同樣攪拌均勻，使所有材料混合一起。

3 把步驟 **2** 的麵糊平鋪在烘焙紙上面，撒上些許手粉（高筋麵粉／份量外），手指也沾些手粉，將麵糊攤平成16×11cm，厚度2cm左右的大小。用預熱至170℃的烤箱，烤10分鐘。將烤盤的前後位置對調，烤箱溫度調降至160℃，再烤10分鐘。關閉烤箱的電源，在烤箱裡面放置5分鐘。

4 把步驟 **3** 的成品移到砧板上面（注意，不要燙傷），切成1cm寬。剖面朝上，排列在烤盤上面，用溫度調降至150℃的烤箱，烤10分鐘。將烤盤的前後位置對調，接著再把烤箱溫度調降成145℃，烤10分鐘。關閉烤箱的電源，在烤箱裡面放置5～10分鐘後，取出。

※味噌特別容易焦黑，所以上述的烘烤時間僅供參考，請一邊觀察烤箱內的狀態，一邊調整烘烤的時間。

※義式脆餅容易沾染濕氣，請連同乾燥劑一起放進夾鏈袋保存。

與生產者合作的甜點製作

　　住在波特蘭、柏克萊的時候，只要是我喜歡、常去光顧的店，都有一個共通點，那就是他們都「非常重視當地的生產者」。店家了解農夫們有多麼認真地種植蔬菜和水果，同時也非常地尊重他們，因而基於彼此的信賴關係，在自己的店裡提供相關產品。自然而然地，我也有了相同的想法，「回到日本重新開業後，我也要好好珍惜自己與生產者之間的關係，親自製作那些手工製的產品」。

　　首先改變的是紅茶。多數「步粉」的客人在品嚐甜點的同時，都會暢飲店內提供的紅茶。以前店裡使用的是美國的有機產品，當時也十分受客戶喜愛。不過，如果

可以，我還是希望能夠找到距離更近的有機紅茶。不輸給「步粉」的暢銷甜點，同時也能直接製作成奶茶的美味紅茶。當時我嘗試了各式各樣的種類，卻遲遲找不到符合心意的產品。最後，我終於找到心中認定的那個味道。靜岡丸子的村松二六所製作的「丸子紅茶」。我親自去拜訪了年過80的村松夫婦，試喝了多種堅持製法的茶品。喜歡研究的二六先生，身體十分地硬朗。

　　更進一步的大改革是，親手製作搭配司康的果醬。以前我都是固定使用法國產的覆盆子果醬，現在則是用當季水果自製成果醬。說到蘋果，當然就屬青森莫屬，不過，朋友介紹給我的是，距離京都更近，位於長野・飯

在波特蘭、柏克萊、舊金山定期舉辦的農場市集，我會在這裡向生產者購買蔬菜、水果和乳製品等農產品。同時也是聆聽農家心聲的絕佳機會。

在「帕妮絲之家」擔任實習廚師的時候，我還去了長年配合的有機農場參訪研習。看到農作生產的現場，自己的觀念也會重新改變。

綱町的「noon farm」。秋天至冬天期間所製作的蘋果甜點「雙重蘋果蛋糕」（30頁），以及「蘋果醬」（85頁），都是採用他們的蘋果。

「薑餅」是「步粉」長年以來的常態性甜點，這個甜點最無法欠缺的就是在高知有機栽培的「渡邊農園」。多虧如太陽般開朗的渡邊先生對農作的情感付出，才能讓我對這個甜點充滿自信。胡蘿蔔也是向渡邊先生採購，因為如此，我才會開發出簡單卻能量強大的「胡蘿蔔蛋糕」（31頁）。

9月、10月期間採購的是，來自北海道‧洞爺的南瓜。「北風農園」是，打從「步粉」開幕就一直很支持我的設計公司「Drop Around」介紹的。品種名為「栗豐」的南瓜，化身成「南瓜奶油蛋糕」，十分受歡迎。食材本身就很美味，自然就能製作出美味的蛋糕。我總會把客人的心聲傳達給農家們，請他們品嚐甜點……。「步粉」能夠像這樣，扮演居中者的角色，把生產者和消費者串聯起來，真的是一件十分令人開心的事。

「noon farm」送來的蘋果、「渡邊農園」的胡蘿蔔、「北風農園」的南瓜和馬鈴薯。全都閃閃發亮，在開封的瞬間，十分耀眼。

APRICOT BLACK SESAME TOFU TIRAMISU

杏桃黑芝麻豆腐提拉米蘇

結束「帕妮絲之家」實習廚師的工作時，
為了感謝烘焙師父和其他人員對自己的關照，
我舉辦了一場茶會，這是當時製作的蛋糕。
使用黑芝麻和豆腐等蘊含「Japan！」風格的食材。
就如全黑蛋糕所帶來的視覺衝擊，眾人也吃得非常開心。

⇨製作方法58頁

杏桃黑芝麻豆腐提拉米蘇

材料（21×16.5×深度3cm的調理盤1個）

海綿蛋糕

　　蛋黃 — 30g

　　黑芝麻醬 — 8g

　　蛋白 — 120g

　　粗糖 — 55g

　　低筋麵粉 — 55g

　　黑芝麻 — 8g

豆腐奶油

　　奶油起司 — 75g

　　粗糖 — 30g

　　木綿豆腐 — 100g

　　原味優格 — 50g

　　鮮奶油 — 100g

糖漿

　　糖漬杏桃（參考40頁）的湯汁
　　　— 1大匙

　　樹膠糖漿 — 1大匙

　　檸檬汁 — 20g

　　水 — 25g

糖漬杏桃（參考40頁）— 200g

黑芝麻（頂飾用）— 適量

事前準備

◎豆腐放置一晚，瀝乾水分，把釋出的水分倒掉（準備約75g）。

◎蛋白放進冰箱冷藏備用。

◎奶油起司恢復至室溫。

◎糖漿材料混合備用。

製作方法

1 製作海綿蛋糕。把蛋黃放進鋼盆，用打蛋器稍微攪散。加入黑芝麻醬（**a**），攪拌均勻。

2 把冰冷的蛋白放進另一個鋼盆。粗糖分2次加入（**b**），每次都要用手持攪拌器（高速）打發起泡，製作出呈現直挺勾角的蛋白霜（**c**）。

3 把步驟 **1** 的材料分2次加入 **2**，每次都要用切麵刀從底部往上撈起攪拌，將材料混合均勻（**d**）。

4 低筋麵粉分2次篩入（**e**），每次都要用切麵刀從鋼盆底部往上撈起，攪拌均勻（**f**）。加入黑芝麻（**g**），攪拌均勻。粉末感隱約殘留的混合狀態就OK（避免混合過度）。

5 把步驟 **4** 的麵糊倒在鋪有烘焙紙的烤盤上（**h**），用抹刀由下往上撥動（**i**），塑造出略有高度的碗狀（如果撥弄太久，麵糊會塌掉，所以動作要快速）（**j**）。用預熱至170℃的烤箱，烤20～25分鐘。把竹籤刺入中央，如果竹籤上面沒有沾黏麵糊，就可以出爐了（**k**）。從烤箱內取出，在烤盤上放涼。

6 製作豆腐奶油。把軟化的奶油起司放進鋼盆，用打蛋器攪拌成乳霜狀。加入粗糖，攪拌均勻。依序加入瀝乾水分的豆腐、優格，每次都要攪拌均勻，才能再加入下一次。

7 把鮮奶油放進另一個鋼盆，用手持攪拌器（高速）確實打發至快油水分離的程度（**l**）。把它倒進步驟 **6** 的鋼盆裡（**m**），用切麵刀攪拌均勻。

8 組合提拉米蘇。步驟 **5** 的海綿蛋糕切成厚度7～8mm的片狀（**n**）、（**o**）、（**p**）。將一半份量鋪在調理盤底部（**q**）。用毛刷把一半份量的糖漿濕塗在海綿蛋糕上面（**r**）。

9 用抹刀把步驟 **7** 一半份量的豆腐奶油抹在上面（**s**）。接著，鋪上剩下的海綿蛋糕，塗上剩餘的糖漿（**t**），再將稍微瀝乾湯汁的糖漬杏桃緊密排列在上面（**u**）。然後再抹上剩餘的豆腐奶油（**v**）。最後就是撒上大量的黑芝麻（**w**）。

TANGOR & KINAKO TIRAMISU

柑橘黃豆粉
提拉米蘇

喜歡提拉米蘇的人似乎很多，
所以我也非常樂於開發各種不同的口味。
黃豆粉和乳製品相當契合，
「或許可以拿來當成提拉米蘇的頂飾」，
靈光一閃，便有了這道甜點。
凸頂柑、塞米諾爾橘柚等柑橘類盛產的季節，
請務必嘗試製作看看。

⇨製作方法62頁

RED BEAN PASTE & GREEN TEA TIRAMISU

紅豆綠茶提拉米蘇

「咖啡和紅豆」、「乳製品和紅豆」、「綠茶和咖啡」等，
將各種味道契合的食材加以組合搭配，
有著溫和甜味的日式提拉米蘇。
只要使用「杉本園」的綠茶粉，
就能感受到綠茶本身的鮮味與苦味。

⇨製作方法63頁

柑橘黃豆粉提拉米蘇

材料（21×16.5×深度3cm的調理盤1個）

海綿蛋糕

> 蛋黃 — 25g
> 蛋白 — 90g
> 粗糖 — 40g
> 低筋麵粉 — 50g

豆腐奶油

> 奶油起司 — 75g
> 粗糖 — 30g
> 木綿豆腐 — 100g
> 原味優格 — 50g
> 鮮奶油 — 100g

糖漿

> 糖漬杏桃（參考40頁）的湯汁
>   — 1大匙
> 樹膠糖漿 — 1大匙
> 檸檬汁 — 20g
> 水 — 25g

頂飾

> **A** 黃豆粉 — 50g
>   粗糖 — 50g
>   天然鹽 — 1g

柑橘（凸頂柑、塞米諾爾橘柚等）
  — 2～3顆

事前準備

◎豆腐放置一晚，瀝乾水分，把釋出的水分倒掉（準備約75g）。
◎蛋白放進冰箱冷藏備用。
◎奶油起司恢復至室溫。
◎糖漿材料混合備用。

製作方法

1 製作海綿蛋糕。把蛋黃放進鋼盆，用打蛋器稍微攪散。

2 把冰冷的蛋白放進另一個鋼盆。粗糖分2次加入，每次都要用手持攪拌器（高速）打發起泡，製作出呈現直挺勾角的蛋白霜。

3 把步驟 **1** 的材料分2次加入，每次都要用切麵刀從底部往上撈起攪拌，將材料混合均勻。

4 低筋麵粉分2次篩入，每次都要用切麵刀攪拌均勻。粉末感隱約殘留的混合狀態就OK（避免混合過度）。

5 把步驟 **4** 的麵糊倒在鋪有烘焙紙的烤盤上，用抹刀由下往上撥動，塑造出略有高度的碗狀（如果撥弄太久，麵糊會塌掉，所以動作要快速）。用預熱至170℃的烤箱，烤20～25分鐘。把竹籤刺入中央，如果竹籤上面沒有沾黏麵糊，就可以出爐。從烤箱內取出，在烤盤上放涼。

6 準備柑橘。用菜刀連同白色的瓤一起，把果皮削掉。橫切成厚度5mm的片狀，如果有種籽，就加以去除。排列在廚房紙巾上面，去除多餘的水分。

7 製作豆腐奶油。把軟化的奶油起司放進鋼盆，用打蛋器攪拌成乳霜狀。加入粗糖，攪拌均勻。依序加入瀝乾水分的豆腐、優格，每次都要攪拌均勻，才能再加入下一次。

8 把鮮奶油放進另一個鋼盆，用手持攪拌器（高速）確實打發至快油水分離的程度。把它倒進步驟 **7** 的鋼盆裡，用切麵刀攪拌均勻。

9 組合提拉米蘇。海綿蛋糕切成厚度7～8mm的片狀，將一半份量鋪在調理盤底部。用毛刷把一半份量的糖漿濕塗在海綿蛋糕上面。

10 用抹刀把步驟 **8** 一半份量的豆腐奶油抹在上面。接著，排列上步驟 **6** 去除多餘水分的柑橘。然後，依照海綿蛋糕、糖漿、鮮奶油的順序，依序重疊。最後撒上 **A** 材料混合而成的頂飾材料。裝盤後，再撒上一次頂飾材料。

紅豆綠茶提拉米蘇

材料（21×16.5×深度3cm的調理盤1個）

海綿蛋糕
> 蛋黃 ── 25g
> 蛋白 ── 90g
> 粗糖 ── 40g
> 低筋麵粉 ── 50g

豆腐奶油
> 奶油起司 ── 75g
> 粗糖 ── 30g
> 木綿豆腐 ── 100g
> 原味優格 ── 50g
> 鮮奶油 ── 100g

糖漿
> 即溶咖啡 ── 10g
> 粗糖 ── 25g
> 熱水 ── 85g

頂飾
> 綠茶粉 ── 1大匙
> 自製蜜紅豆（參考40頁）── 200g

事前準備

◎豆腐放置一晚，瀝乾水分，把釋出的水分倒掉（準備約75g）。
◎蛋白放進冰箱冷藏備用。
◎奶油起司恢復至室溫。
◎糖漿材料混合備用。

製作方法

1 依照「柑橘黃豆粉提拉米蘇」（參考左頁）的步驟 **1 ～ 5**、**7**、**8**，製作海綿蛋糕、豆腐奶油。

2 組合提拉米蘇。海綿蛋糕切成厚度7～8mm的片狀。將一半份量鋪在調理盤底部。用毛刷把一半份量的糖漿濕塗在海綿蛋糕上面。

3 抹上一半份量的豆腐奶油。接著，鋪上自製蜜紅豆。再依照海綿蛋糕、糖漿、鮮奶油的順序，依序重疊。最後再用濾網撒上綠茶粉。

綠茶粉
靜岡「杉本園」的綠茶粉「息吹（Ibuki）」，由沒有使用農藥和肥料的天然茶葉所製成，散發著綠茶芳香的同時，略帶點苦味，也很適合應用在甜點上面。

BUCKWHEAT & CHOCOLATE COOKIE
蕎麥巧克力餅

波特蘭當地，我最喜歡的麵包店「Tabor Bread」，
固定販售的餅乾有許多種種類，
其中我最喜歡的是這種餅乾。
「蕎麥粉和巧克力？」這種令人意外組合，出乎意料的契合。
雖然是連日本人都沒想到的組合，卻是非常地美味。
⇨製作方法66頁

BURDOCK & OATMEAL COOKIE
牛蒡燕麥餅

牛蒡香氣和酥脆口感，讓人上癮的餅乾。
關鍵是提味的肉桂。
雖然容易碎裂，
不過，也可以當成燕麥片的感覺品嚐。
→製作方法67頁

蕎麥巧克力餅

材料（直徑7～8cm的餅乾8塊）

無鹽奶油 —— 100g

粗糖 —— 85g

天然鹽 —— 1g

全蛋 —— 55g

A 蕎麥粉 —— 65g

中筋麵粉 —— 65g

低筋麵粉 —— 35g

全麥麵粉 —— 25g

泡打粉 —— 2g

黑巧克力 —— 90g

核桃 —— 45g

事前準備

◎奶油、雞蛋恢復至室溫。

◎核桃用150℃的烤箱烤15分鐘，1顆切成4等分。

◎巧克力切成和核桃相同的大小。

製作方法

1 把奶油放進鋼盆，用打蛋器充分攪拌，直到奶油呈現乳霜狀。加入粗糖、鹽巴，攪拌均勻。

2 分3次，把打散的雞蛋倒進步驟**1**的鋼盆，每次都要用打蛋器攪拌均勻，才能再加入下一次。

3 把一半份量的 **A** 材料篩入鋼盆，以切割的方式，用橡膠刮刀攪拌均勻。把剩下的一半份量篩入，以相同的方式攪拌。加入巧克力、核桃，把所有材料攪拌均勻。

4 把麵糊分成8等分，稍微搓圓，排列在鋪好烘焙紙的烤盤上。用預熱至170℃的烤箱，烤20分鐘。中途，把烤盤的前後位置對調。從烤箱中取出，在烤盤上放涼。

巧克力

富澤商店的「調溫巧克力片（特苦巧克力）」不會太甜也不會太苦，味道剛剛好。「台式巧克力卡斯特拉」（參考77頁）也是使用這一種。（T）

蕎麥粉

日本的蕎麥粉主要都是用於蕎麥麵的製作，不過，在無麩質甜點的製作方面，也是十分受重視的材料。可以讓甜點產生鬆脆的口感。（T）

牛蒡燕麥餅

材料（直徑6cm的餅乾8塊）

A 燕麥片 —— 80g
　　低筋麵粉 —— 30g
　　粗糖 —— 30g
　　天然鹽 —— 1g
　　肉桂粉 —— 2g
　　椰子細粉 —— 15g

B 菜種油 —— 30g
　　清豆漿 —— 20g

煎牛蒡（參考52頁）—— 65g

事前準備

◎燕麥片用食物調理機攪碎（或用菜刀，把1顆切成3等分左右的大小）

製作方法

1 把 **A** 材料放進鋼盆，用手把材料拌勻。

2 把 **B** 材料倒進步驟 **1** 的鋼盆，用切麵刀確實攪拌均勻。加入煎牛蒡，攪拌均勻。用切麵刀把鋼盆裡面的材料分成8等分。

3 手沾上一點點菜種油（份量外），分別把步驟 **2** 的材料搓圓。排列在鋪好烘焙紙的烤盤上面，用手指按壓成直徑6cm的圓形。

4 用預熱至160℃的烤箱，烤25分鐘。中途，把烤盤的前後位置對調。從烤箱中取出，在烤盤上放涼。

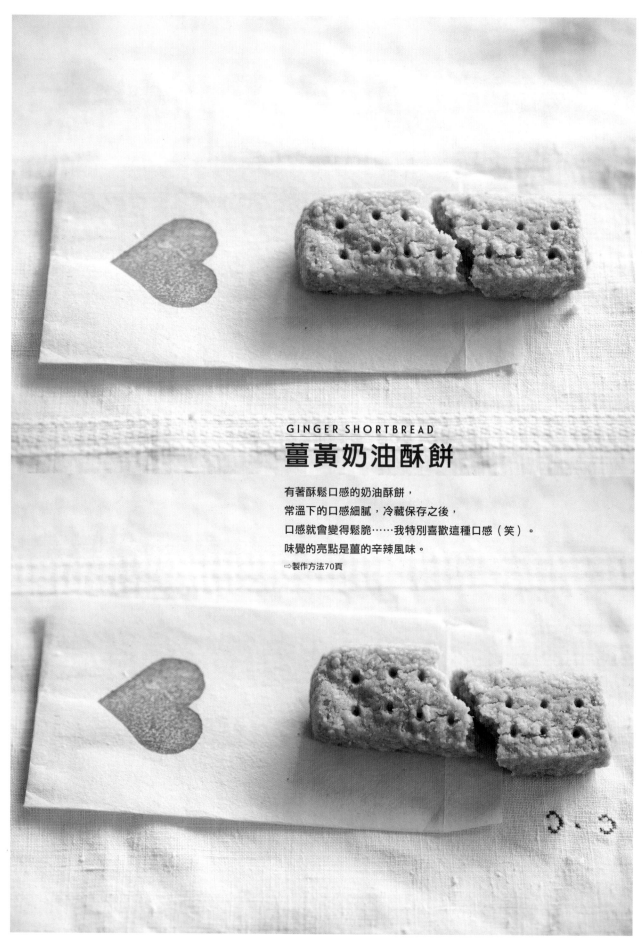

GINGER SHORTBREAD

薑黃奶油酥餅

有著酥鬆口感的奶油酥餅，

常溫下的口感細膩，冷藏保存之後，

口感就會變得鬆脆……我特別喜歡這種口感（笑）。

味覺的亮點是薑的辛辣風味。

⇨製作方法70頁

CARDAMOM SHORTBREAD
白荳蔻奶油酥餅

到北歐旅行之後，我才真正了解到白荳蔻的美味。
白荳蔻的香氣，讓人聯想到山椒的清爽。
所以夏季嚴酷的時期，非常推薦這道甜點，
可以在品嚐的同時，一邊回憶瑞典的清爽夏天。

⇨製作方法70頁

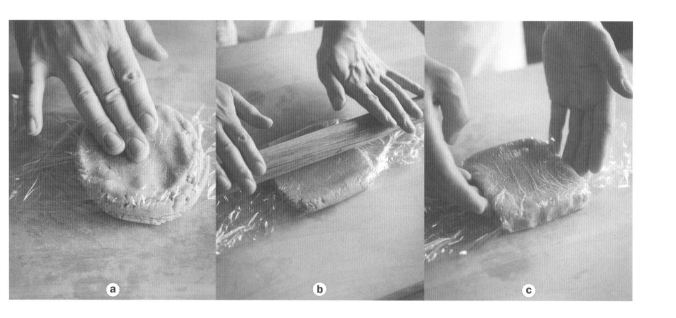

薑黃奶油酥餅／白荳蔻奶油酥餅

材料（2×6cm的奶油酥餅12條）

無鹽奶油 ── 50g

A 天然鹽 ── 0.8g

粗糖 ── 25g

B 低筋麵粉 ── 60g

全麥麵粉 ── 15g

太白粉 ── 15g

薑粉 ── 5g（薑黃奶油酥餅）

白荳蔻粉 ── 5g（白荳蔻奶油酥餅）

事前準備

◎奶油恢復至室溫。

製作方法

1 把奶油放進鋼盆，用打蛋器充分攪拌，直到奶油呈現乳霜狀。加 **A** 材料，進一步攪拌均勻。

2 把一半份量的 **B** 粉末材料篩入步驟 **1** 的鋼盆，用切麵刀持續攪拌，直到粉末感完全消失。接著，再把剩餘的 **B** 材料篩入，同樣持續攪拌至粉末感消失為止。

3 用保鮮膜把麵團包起來，用手壓平（**a**），再透過保鮮膜，用撖麵棍把麵團撖平（**b**）。用手調整邊緣（**c**），將麵團整成12×12×厚度1cm左右的形狀（**d**）。放進冰箱冷卻凝固30分鐘以上。

4 把保鮮膜拿掉，用菜刀將麵團橫切成對半，接著再縱切成6等分（**e**）、（**f**）。使用竹籤在上面刺出孔洞（**g**）。

5 把步驟 **4** 的麵團排列在鋪好烘焙紙的烤盤上。把預熱至180℃的烤箱溫度調降至170℃，烤1分鐘。之後，再把溫度降低至160℃，烤9分鐘。為避免烤不均勻，中途要把烤盤的前後位置對調。最後在160℃的溫度下，直接烤10分鐘。

6 從烤箱中取出，在烤盤上放涼。

白芝麻裸麥餅

在瑞典，不論走到哪間超市，
都可以看到各種大小、種類不同的裸麥餅。
「玫瑰谷花園」咖啡廳製作的是，
非常輕薄，宛如把麵團撕成紙張般的裸麥餅。
薄脆的口感，非常耐人尋味，
除了直接品嚐之外，也可以搭配各種食材。

⇨製作方法74頁

FLAX SEED & DILL CRISP BREAD
亞麻籽蒔蘿裸麥餅

我問「玫瑰谷花園」的麵包店工作人員，
「你推薦的裸麥餅口味是什麼？」
「喜歡的香草、香辛料，什麼都可以」，他回答。
於是，我試著採用蒔蘿和亞麻籽等瑞典風格的香草。
隱約的香氣非常具有特色，也非常適合當早餐。
⇨製作方法74頁

白芝麻裸麥餅／亞麻籽蒔蘿裸麥餅

材料（直徑20cm的裸麥餅5片）

A 黑麥粉 — 75g
　　乾酵母 — 3g

B 水 — 105g
　　蜂蜜 — 5g

C 中筋麵粉 — 75g
　　天然鹽 — 1g

白芝麻 — 1又1/2大匙（10g）
（白芝麻裸麥餅）

或是

亞麻籽 — 1大匙（10g）
乾蒔蘿 — 2小匙（2g）
（亞麻籽蒔蘿裸麥餅）

製作方法

1 把**B**材料放進較小的鋼盆，用手指攪拌，使蜂蜜融化（**a**）。

2 把**A**材料放進另一個鋼盆，把步驟**1**的蜂蜜水倒入，用切麵刀攪拌均勻（**b**）。粉末感完全消失後，蓋上保鮮膜，在室溫下放置1小時左右（**c**）。直到麵糊膨脹成一倍大（**d**）。

3 把**C**材料篩入步驟**2**的鋼盆裡（**e**），用切麵刀攪拌，直到粉末感消失（**f**）。加入白芝麻，或是亞麻籽＋蒔蘿，攪拌均勻，最後在鋼盆中央匯整成團。蓋上保鮮膜，在室溫下放置20分鐘（**g**）。之後，放進冰箱，靜置發酵（放置1小時以上或放置一晚也OK）。

4 用切麵刀把步驟**3**的麵團分成5等分。在調理台撒上大量的手粉（黑麥粉／份量外），把麵團逐一放置在手粉上面，上方也要撒上手粉。將麵團塑成圓形後，用撖麵棍把麵團撖壓成直徑22cm左右的圓形（**h**）。

※這種麵團很容易沾黏，所以調理台和麵團都撒上手粉，會比較容易作業。

5 用叉子在麵團的表面扎孔（**i**），移放至烤盤上（不使用烘焙紙，直接放置就可以）。

6 用預熱至200℃的烤箱，烤10分鐘。將烤盤的前後位置對調。將溫度調降至180℃，再烤8分鐘，直到酥脆程度為止（**j**）。

乾酵母
製作麵包常用的乾酵母，也是製作裸麥餅的必備材料。推薦法國「法國燕子牌（SAF）」的產品。（T）

黑麥粉
裸麥餅的主要材料是，寒冷地區也能栽種的黑麥粉。有著獨特的風味，同時沒有麩質，所以不會像麵粉那樣膨脹。（T）

蒔蘿、亞麻籽
蒔蘿有時會有以「蒔蘿草」的名稱販售，亞麻籽則是以「亞麻」的名稱販售。兩種風味都十分重要，所以請挑選新鮮度較好的種類。

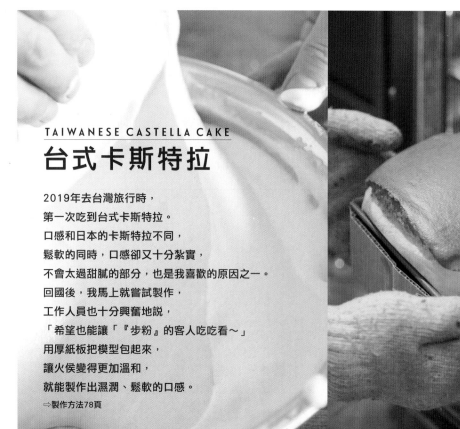

TAIWANESE CASTELLA CAKE
台式卡斯特拉

2019年去台灣旅行時，
第一次吃到台式卡斯特拉。
口感和日本的卡斯特拉不同，
鬆軟的同時，口感卻又十分紮實，
不會太過甜膩的部分，也是我喜歡的原因之一。
回國後，我馬上就嘗試製作，
工作人員也十分興奮地說，
「希望也能讓「『步粉』的客人吃吃看～」
用厚紙板把模型包起來，
讓火侯變得更加溫和，
就能製作出濕潤、鬆軟的口感。

⇨製作方法78頁

TAIWANESE CHOCOLATE CASTELLA CAKE
台式巧克力卡斯特拉

「步粉」每年2月都會製作巧克力口味的甜點，
雖然我沒有在當地吃過巧克力口味的卡斯特拉，
不過，我還是嘗試製作了巧克力版本的台式卡斯特拉。
結果，對台式卡斯特拉深感興趣的客人都非常喜歡。
許多人都非常開心。
鬆軟、獨特的口感，加上巧克力的味道，請務必體驗看看。
⇨製作方法78頁

台式卡斯特拉

材料（15×15cm的方形模1個）

A｜菜種油 ― 40g
　｜牛乳 ― 40g
低筋麵粉 ― 60g
蛋黃 ― 65g
蛋白 ― 140g
粗糖 ― 55g
天然鹽 ― 1g

事前準備

◎在模型裡面鋪上烘焙紙。
◎依照模型的高度，剪裁厚紙板，在模型外面圍上一層厚紙板（底部沒有厚紙板沒關係）。長度要比模型周長略長一些，然後再用迴紋針固定重疊的部分（**a**）。

製作方法

1 把**A**材料放進鋼盆，隔水加熱至50～60℃左右（鋼盆也會產生高溫，要注意避免燙傷）。

2 把低筋麵粉篩入步驟**1**的鋼盆（**c**），用打蛋器攪拌至沒有粉末感為止（**d**）。蛋黃分2～3次加入，每次都要攪拌均勻，才能再加入下一次（**e**）。

3 把蛋白倒進另一個鋼盆，用手持攪拌器（高速）打發。呈現雪白後，加入一半份量的粗糖、鹽巴，打發起泡。加入剩餘的粗糖，持續打發。氣泡變細緻後，切換成低速，使整體的氣泡變得均勻，製作出略為蓬鬆的蛋白霜（**f**）。

4 把步驟**3**的一半份量，倒進步驟**2**的鋼盆裡，用切麵刀從底部撈起攪拌。把攪拌均勻的材料倒進裝著剩餘蛋白霜的鋼盆裡面，充分攪拌均勻（**g**）。倒進模型裡面（**h**），用切麵刀把表面抹平（**i**）。

5 放進預熱至180℃的烤箱，烤10分鐘。把烤盤的前後位置對調。將烤箱溫度調降至170℃，烤10分鐘。把竹籤刺入中央，如果竹籤上面沒有沾黏麵糊，就可以出爐（**j**）。連同模型一起放涼，熱度消退後，用保鮮膜包起來，避免乾燥。

台式巧克力卡斯特拉

材料（15×15cm的方形模1個）

A｜菜種油 ― 40g
　｜牛乳 ― 40g
低筋麵粉 ― 45g
可可粉 ― 15g
蛋黃 ― 65g
蛋白 ― 130g
B｜粗糖 ― 45g
　｜黑糖 ― 10g
天然鹽 ― 1g
苦味巧克力 ― 40g

事前準備

◎在模型裡面鋪上烘焙紙。
◎依照模型的高度，剪裁厚紙板，在模型外面圍上一層厚紙板（底部沒有厚紙板沒關係）。長度要比模型周長略長一些，然後再用迴紋針固定重疊的部分。
◎巧克力用菜刀切碎成1cm左右的塊狀。

製作方法

1 步驟**3**之前的作法都跟「台式卡斯特拉」相同，把「台式卡斯特拉」的粉末材料換成低筋麵粉＋可可粉，粗糖換成**B**材料。

2 在步驟**4**，蛋白霜攪拌均勻之後，加入巧克力，將所有材料攪拌均勻。倒進模型後，巧克力會沉到底部，要盡快用手指確認巧克力沉下的位置，同時撥動巧克力，使巧克力均勻分布，然後再放進烤箱。之後的步驟就跟「台式卡斯特拉」相同。

TARO PUDDING

芋頭布丁

説到台灣芋頭受歡迎的程度，真的十分驚人。

芋頭也是豆花或刨冰所不可欠缺的配料。

日本很難採購到台灣芋頭，而比較類似的食材就是……「里芋」，

於是我把它製作成「步粉」的布丁。結果大受好評。

淋醬同樣也是台灣十分受歡迎的花生。

布丁本身不會太甜，搭配上淋醬，甜度剛剛好。

⇨製作方法82頁

SWEET POTATO PUDDING
番薯布丁

確實蒸煮，誘出番薯的美味。
另外，帶皮使用也是關鍵。
符合秋天味道的布丁。
淋上味道契合的楓糖漿一起享用。
不管是里芋，還是番薯，冷卻之後，中央都會凹陷，
淋醬剛好就可以從那裡倒入。
⇨製作方法83頁

芋頭布丁

材料（直徑5×高4.6cm的鋁杯7～8個）

里芋 —— 200g

全蛋 —— 120g

蛋黃 —— 30g

粗糖 —— 35g

天然鹽 —— 1g

牛乳 —— 190

鮮奶油 —— 50g

台式花生醬

花生（去殼、淨重）—— 30g

粗糖 —— 100g

製作方法

1 製作花生醬。生花生用預熱至150℃的烤箱，烤10分鐘後，去除薄皮。用食物調理機或擂缽搗碎成略粗的粉狀。

2 把粗糖、水100g放進小鍋，開中火加熱。砂糖融化，呈現糖漿狀之後，倒入步驟 **1** 的花生粉，關火。

3 里芋用菜刀在外皮上縱切出刀痕。放進冒出蒸氣的蒸籠裡面，用大火蒸15～20分鐘。如果用竹籤可以輕易刺穿，就代表已經蒸熟。用廚房紙巾包住里芋（小心不要燙傷），把外皮剝掉（**a**），準備淨重140g的材料。

4 把全蛋、蛋黃、3/4的粗糖、鹽巴放進鋼盆，用打蛋器攪拌均勻，直到沒有顆粒感。

5 把步驟 **3** 的里芋、牛乳，放進果汁機裡面，持續攪拌至柔滑程度。倒進鍋裡，加入鮮奶油、剩餘的砂糖，開中火加熱。用橡膠刮刀持續攪拌加熱。

6 溫度達到50℃後（試著把手指放進鍋裡，差不多是稍微感到燙的溫度。小心不要燙傷），把鍋子從爐子上移開，分3次倒進步驟 **4** 的鋼盆裡，每次加入都要攪拌均勻，才能加入下一次。

7 使用網格略粗的濾網，一邊用橡膠刮刀按壓，讓步驟 **6** 的材料變得柔滑。

8 用湯勺把步驟 **7** 的材料撈進鋁杯裡面。將鋁杯排列在較深的烤盤上，加入熱水，大約到烤盤的一半高度。用調理盤或鋁箔紙蓋住鋁杯。

9 用預熱至150℃的烤箱，烤15～20分鐘。把竹籤刺入中央，如果竹籤上面沒有沾黏材料，就可以出爐。放涼後，放進冰箱冷卻3小時以上。吃的時候，淋上花生醬享用。

a

番薯布丁

材料（直徑5×高4.6cm的鋁杯7～8個）

番薯 ── 150g

全蛋 ── 110g

蛋黃 ── 30g

粗糖 ── 45g

天然鹽 ── 1g

牛乳 ── 160g

鮮奶油 ── 70g

楓糖牛奶醬

　　楓糖漿 ── 25g

　　牛乳 ── 15g

製作方法

1 番薯切除蒂頭部分，放進冒出蒸氣的蒸籠裡面，用大火蒸15～20分鐘。如果用竹籤可以輕易刺穿，就代表已經蒸熟。連同外皮一起切成片狀。

2 把全蛋、蛋黃、3/4的粗糖、鹽巴放進鋼盆，用打蛋器攪拌均勻，直到沒有顆粒感。

3 把步驟 **1**（淨重140g）的番薯、牛乳，放進果汁機裡面，持續攪拌至柔滑程度。倒進鍋裡，加入鮮奶油、剩餘的砂糖，開中火加熱，用橡膠刮刀持續攪拌加熱。

4 溫度達到50℃後（試著把手指放進鍋裡，差不多是稍微感到燙的溫度。小心不要燙傷），把鍋子從爐子上移開，分3次倒進步驟 **2** 的鋼盆裡。每次加入都要攪拌均勻，才能加入下一次。

5 使用網格略粗的濾網，一邊用橡膠刮刀按壓，讓步驟 **4** 的材料變得柔滑。沾黏在濾網上的番薯皮也要確實按壓、篩入。

6 用湯勺把步驟 **5** 的材料撈進鋁杯裡面。將鋁杯排列在較深的烤盤上，加入熱水，大約到烤盤的一半高度。用調理盤或鋁箔紙蓋住鋁杯。

7 用預熱至150℃的烤箱，烤15～20分鐘。把竹籤刺入中央，如果竹籤上面沒有沾黏材料，就可以出爐。放涼後，放進冰箱冷卻3小時以上。吃的時候，淋上由楓糖漿和牛乳混合而成的楓糖牛奶醬。

FIG JAM
無花果醬

在東京惠比壽開店的時候，
我總是採用法國產的果醬，
搭配司康一起上桌。
回國後，我徹底實踐在波特蘭、柏克萊學到的「地產地消」概念。
在京都開店的時候，我就決定「一定要採用自製果醬」。
首次製作的果醬就是這種無花果醬。
通常果醬都是使用精白砂糖，
但是，和「步粉」的其他甜點相比，甜度可能會太甜，
而且，我也希望保留更多的水果風味，
所以就用粗糖和精白砂糖各半的方式製作。

⇨製作方法86頁

APPLE JAM
蘋果醬

想充分運用蘋果的紅，
所以採用了比較費工夫的製法，
除了果肉，連同果核、果皮也一起熬煮。
不僅顏色漂亮，也能充分品嚐到蘋果的美味。
⇨製作方法86頁

AMANATSU MARMALADE
甘夏柑橘醬

雖然為了把皮煮爛，必須耗費許多時間，
不過，很適合搭配司康或土司，
搭配優格也很對味，
也可以當成餅乾或磅蛋糕的配料，
可說是相當百搭的柑橘醬。
⇨製作方法87頁

無花果醬

材料（容易製作的份量）

無花果 ── 1包（約450g）

A 粗糖 ── 無花果淨重的20%
精白砂糖
 ── 無花果淨重的20%
檸檬汁 ── 15g

事前準備

◎密封罐煮沸消毒備用。

製作方法

1 無花果帶皮切塊。如果是小顆，就切成四塊，若是大顆，就切成六塊。然後再進一步切成5mm厚的片狀。和 **A** 材料混合拌勻後，靜置2小時。

2 把步驟 **1** 的材料放進較大的鍋裡（材料放入之後，大約到鍋子深度的1/2～1/3左右），開大火加熱。用木鏟一邊輕壓無花果，一邊用大火烹煮。烹煮到個人喜歡的濃稠度後，關火。趁熱的時候，裝進密封罐。裝入的果醬幾乎到全滿的程度後，鎖緊外蓋，將密封罐顛倒放置，排出空氣。

※這種麵團很容易沾黏，所以調理台和麵團都撒上手粉，會比較容易作業。

蘋果醬

材料（容易製作的份量）

蘋果（富士蘋果等）
 ── 2顆（約450g）

A 粗糖 ── 蘋果淨重的20%
精白砂糖 ── 蘋果淨重的20%
檸檬汁 ── 20g

事前準備

◎密封罐煮沸消毒備用。

製作方法

1 蘋果切成八等分的梳形切，削掉果皮，去除果核。進一步縱切成3～4mm厚的片狀。和 **A** 材料混合拌勻後，靜置2小時。

2 把步驟 **1** 的果皮和果核放進鍋裡，加入淹過材料的水，開大火加熱。煮沸之後，改用小火，約烹煮30分鐘後，過濾。

3 把步驟 **1**、步驟 **2** 的材料放進較大的鍋子裡，開大火加熱。用木鏟一邊輕壓蘋果，一邊用大火烹煮。烹煮到個人喜歡的濃稠度後，關火。趁熱的時候，裝進密封罐。裝入的果醬幾乎到全滿的程度後，鎖緊外蓋，將密封罐顛倒放置，排出空氣。

※浮渣可依個人喜好決定是否撈除，在意的話，就撈乾淨吧！

甘夏柑橘醬

材料（容易製作的份量）

柑橘 ── 2顆（約650g）

粗糖 ── 柑橘淨重的25%

精白砂糖 ── 柑橘淨重的25%

檸檬汁 ── 40g

事前準備

◎密封罐煮沸消毒備用。

製作方法

1 柑橘切出十字的切痕，把果實和果皮分開。將果實從果房中取出（**a**）。

2 把果皮和大量的水放進鍋裡，開中火加熱，煮沸後改用小火，烹煮10分鐘。然後把湯汁倒掉，重新再烹煮一次。試著咬咬果皮看看，如果還有澀味或苦味，就再次重新烹煮一次。

3 把步驟**2**的果皮瀝乾，切成8等分，再切成細絲（**b**）。分別量秤果實和果皮的重量，根據量秤出的重量，準備砂糖的份量，將所有材料放進較大的鍋子裡（材料放入之後，大約到鍋子深度的1/2～1/3左右），放置2小時（**c**）。

4 開中小火加熱鍋子，砂糖融化後，改用中火，用耐熱的橡膠刮刀，偶爾攪拌烹煮。呈現濃稠狀，產生光澤後，關火（**d**）。趁熱的時候，裝進密封罐。裝入的果醬幾乎到全滿的程度後，鎖緊外蓋，將密封罐顛倒放置，排出空氣。

※**浮渣可依個人喜好決定是否撈除，在意的話，就撈乾淨吧！**

a

b

c

d

PROFILE

磯谷仁美（Isotani Hitomi）

1973年出生於大阪。在咖啡廳、餐飲店累積蛋糕、甜點製作的經驗。2005年創立甜點品牌「步粉（HOCO）」，開始進行活動販售與網路販售。2006年10月，在東京惠比壽開設甜點店「步粉」。之後，為了學習美國烘焙而前往美國，在「帕妮絲之家」擔任實習廚師等，視野變得更加遼闊。回國後，2018年在京都大德寺旁再次重新開設「步粉」。著有《步粉の焼き菓子レシピノート（步粉甜點食譜）》（主婦與生活社）、《步粉のポートラン＆バークレー案内（步粉的波特蘭＆柏克萊導覽）》（誠文堂新光社）等。

TITLE

私藏甜點好時光　步粉烘焙坊手作食譜

STAFF		ORIGINAL JAPANESE EDITION STAFF	
出版	瑞昇文化事業股份有限公司	発行人	濱田勝宏
作者	磯谷仁美	ブックデザイン	藤田康平（Barber）
譯者	羅淑慧	撮影	津久井珠美
		スタイリング	椹木知佳子（Kit）
總編輯	郭湘齡	校閲	山脇節子
責任編輯	蕭妤秦	編集	田中のり子
文字編輯	張聿雯		田中 薫（文化出版局）
美術編輯	許菩真		
排版	二次方數位設計　翁慧玲		
製版	明宏彩色照相製版有限公司		
印刷	桂林彩色印刷股份有限公司		

法律顧問	立勤國際法律事務所　黃沛聲律師	
戶名	瑞昇文化事業股份有限公司	
劃撥帳號	19598343	
地址	新北市中和區景平路464巷2弄1-4號	
電話	(02)2945-3191	
傳真	(02)2945-3190	
網址	www.rising-books.com.tw	
Mail	deepblue@rising-books.com.tw	

初版日期	2022年2月
定價	320元

國家圖書館出版品預行編目資料

私藏甜點好時光：步粉烘焙坊手作食譜/磯谷仁美著；羅淑慧譯. -- 初版. -- 新北市：瑞昇文化事業股份有限公司, 2022.02
88面；19 x 25.7公分
ISBN 978-986-401-539-9(平裝)
1.CST: 點心食譜

427.16　　　　　　　　110022255